AF566096

Melanie Kirchlechner

Oberflächen behandeln

Grundwissen, Materialien, Techniken

WERKSTATTWISSEN FÜR **HOLZWERKER**

Melanie Kirchlechner

Oberflächen behandeln

Grundwissen, Materialien, Techniken

HolzWerken

Impressum

„Oberflächen behandeln –
Grundwissen, Materialien, Techniken"
Nachdruck 2021 der 2., überarbeiteten Auflage 2017

Die Autorin dankt Wolfgang Nebel, A. Gradmann Handels GmbH, für Unterstützung bei der Arbeit an dem Buch.

Fotos: Johannes Kirchlechner
Illustrationen S. 15, 16, 18, 27: Max Prüfer, Augsburg

Produktion: PrintMediaNetwork, Oldenburg
Printed in Europe

ISBN 978-3-86630-709-4
Best.-Nr. 9180

HolzWerken
Ein Imprint von Vincentz Network GmbH & Co. KG
Plathnerstr. 4c
30175 Hannover
www.holzwerken.net

Danksagung

An diesem Buch habe ich zwei Jahre lang geschrieben und ebenso lange dafür recherchiert. Ohne das Fachwissen von Fachfrauen und Fachmännern und ihre Bereitschaft, mir immer wieder mehr oder weniger intelligente Fragen zu beantworten, hätte es nicht entstehen können. Dafür danke ich allen ganz herzlich!

Aus Gründen der Gleichbehandlung werden hier allerdings nur die Firmen und nicht die Spezialisten selber in alphabetischer Reihenfolge genannt:

ASUSO Holzschutz, Auro Naturfarben, Arti Holzlacke und Beizen, Brillux Farben, Clou Holzlacke und -lasuren, Dictum – mehr als Werkzeug, Festool Elektrowerkzeuge, Hesse Lignal, Jöst Schleifmittel, Klingspor Profiwerkzeug, Kremer Pigmente, Livos Pflanzenchemie, Mipa Lacke und Farben, Naturhaus Naturfarben, Natural Naturfarben, Osmo Holz und Color, Phillip Lambach (Kursteilnehmer) , PNZ Holzschutz, Rosner – Die Lösung auf Holz, Säfke Malermeister, Storch Pinsel, Wagner Spritzgeräte, Zweihorn-Beizen, Lacke und Naturprodukte.

Ganz besonders viel habe ich meinem Mann Johannes Kirchlechner zu verdanken, der mit unendlicher Geduld über den gesamten Zeitraum Hunderte von Fotos von unzähligen Projekten und Arbeitsabläufen gemacht hat. Er hat es verstanden, meine dezidierten Wünsche in ansprechende und anschauliche Bilder umzusetzen.

Nicht zuletzt danke ich Max Prüfer, einem jungen, sehr begabten Künstler, der einige detaillierte und ästhetische Zeichnungen für das Kapitel „Holzeigenschaften" angefertigt hat, wie sie so in keinem anderen mir bekannten Fachbuch zu sehen sind.

Über die Autorin:

Mein Holzweg

Seit meiner Kindheit liebe ich kreatives Werkeln mit den eigenen Händen. Meine Mutter brachte mir das Nähen bei, zu Hause wurde möglichst vieles selbst gebaut und Recycling war schon vor dem allgemeinen Trend in unserer Familie eine Selbstverständlichkeit. Da war es für mich naheliegend, mir nach dem Abitur einen entsprechend kreativen Ausbildungsplatz zu suchen. Dabei hatte ich das Glück, direkt an meinem Heimatort eine Lehrstelle in einer kleinen Schreinerei zu finden, in der noch viel Wert auf echte Handarbeit gelegt wurde. So habe ich das Arbeiten mit Holz kennen- und lieben gelernt. Dass dieses schöne Material unendlich viele gestalterische Möglichkeiten bietet, wurde mir schnell klar. So widmete ich mich nach der Lehrzeit zwar erst einmal intensiv meiner Familie und meinen beiden Kindern, begann aber schon damals, Holzspielzeug zu entwerfen und auf Märkten zu verkaufen. Zeitgleich startete ich mit einer Unterrichtstätigkeit in der Erwachsenenbildung. Mein erstes Kursthema war „Traditionelle Holzverbindungen“ und heute ist es vor allem „Restaurieren eines Kleinmöbels“. Bedingt durch die vielen individuellen Wünsche meiner Kursteilnehmer zur Oberflächenbehandlung ihrer Lieblingsmöbel, musste ich mich über die Jahre mit allen nur erdenklichen Techniken auseinander setzen. Durch meine Autorentätigkeit bei der Zeitschrift *„HolzWerken“* bekam ich die Chance, meine Erfahrungen in Sachen Holz darüber hinaus einer breiten Leserschaft zugänglich zu machen. Der Auftrag, eine vierteilige Reihe über diverse Oberflächentechniken zu schreiben, veranlasste mich, intensive Recherchen über alle gängigen Methoden des Holzschutzes zu betreiben. Praktische Erfahrungen hatte ich ja schon über viele Jahre als Kursleiterin, Holzkünstlerin und Restauratorin gesammelt. Die logische Konsequenz war nun, die so gesammelten Erfahrungen in einer neuen Kursreihe „Holzoberflächen behandeln, aber richtig!“ auch praktisch zu vermitteln. Selbst überrascht von dem großen, nicht nachlassenden Interesse unzähliger Kursteilnehmer und angespornt von ihren vielen Fragen, habe ich mich zuletzt daran gemacht, mit der Erfahrung aus mittlerweile 24 Jahren als Kursleiterin dieses Buch zu schreiben. Die Oberflächenbehandlung von Holz ist ein so komplexes Thema, das es verdient, umfassend behandelt zu werden. Ich habe mich bei meinen Recherchen bewusst am hiesigen Markt orientiert, damit Sie als Leser alle Tipps und Techniken mit möglichst geringem Aufwand umsetzen können. Die frustrierende Erfahrung, ihr selbstgebautes Möbelstück mit der falschen Oberflächenbehandlung zu verderben, möchte ich Ihnen möglichst ersparen. Denn nichts liegt mir mehr am Herzen, als noch mehr Holzwerker zu Holzliebhabern zu machen!

Inhalt

Holz – die Entwicklung seiner Oberflächenbehandlung

"Holz ist nur ein einsilbiges Wort,
doch dahinter verbirgt sich eine Welt voller Schönheit und Wunder"

Theodor Heuss (1884–1963)

Die Verschalung aus Lärchenholzt ist unbehandelt und trotzt unbeschadet seit 20 Jahren Wind und Wetter.

Holz übt seit jeher ein große Faszination auf uns Menschen aus. Es ist nicht nur ein universeller Werkstoff und in den meisten Fällen schön anzusehen, sondern weckt in uns auch den Drang, es zu berühren. Holz wirkt warm, lebendig und verbreitet eine wohlige Atmosphäre. Heute gibt es zwar unzählige andere moderne Werkstoffe mit hochspezialisierten Eigenschaften, die Vielseitigkeit und Schönheit von Holz erreicht aber keiner von ihnen.

Holz ist und war immer und überall modern!

Fast auf der ganzen Welt steht es den Menschen als leicht zu beschaffender Roh- und Baustoff zu Verfügung. Vor allem in früheren Jahrhunderten diente Holz der Lebensgrundlage ganzer Bevölkerungsschichten und ohne diesen vielseitigen Werkstoff nutzen zu können, hätten sie frieren und hungern müssen.

Heutzutage, vor allem in unseren Breiten, haftet dem Arbeiten mit Holz ein romantisches Image an: Wer etwas aus Holz, noch besser Massivholz erschafft, ist ganz nahe an der Natur und ihrer Ursprünglichkeit, denn Holz ist ein organisches Material. Es „lebt" und „arbeitet", es quillt in feuchter Umgebung und schwindet in trockener Raumluft, es verzieht und zersetzt sich unter Witterungseinflüssen. Ohne Holzschutzmaßnahmen und Oberflächenschutz wäre diese Kraft jedoch kaum zu bändigen. Seit Holz zum Bauen, Arbeiten und Einrichten verwendet wird, hat sich die Menschheit ein umfassendes Wissen angeeignet, sich seine positiven Eigenschaften zu Nutze zu machen. Um die negativen Eigenschaften wie Verziehen, Schwinden und Zersetzen in den Griff zu bekommen, wurden unzählige Techniken der Oberflächenbehandlung entwickelt. Auch der Verschönerungseffekt einer Oberflächenbehandlung spielte schon sehr früh eine große Rolle. Das Färben von Holz mit tierischen und pflanzlichen Stoffen war bereits in der Antike bekannt und hatte oft eine religiöse oder symbolische Bedeutung. Eine der ältesten Methoden, Holz wasserundurchlässig zu machen, ist das Flammen oder Rösten seiner Oberfläche. Unter Hitzeeinwirkung verändern sich die Zelluloseanteile im Holz, es entsteht Holzteer, der die Oberfläche versiegelt. Trotz der bereits bekannten, raffinierten Maßnahmen des Schutzes und Verschönerung wurden in unseren Breiten bis zur Romanik Möbel dennoch überwiegend mit unbehandelter, aber geschliffener Oberfläche gebaut. Erst im Mittelalter entdeckte man dann die gleichzeitig färbende und konservierende Wirkung von Laugen, sowie Eisen- und Kupfersalzen. Um ihre dekorative Wirkung zu erhöhen, färbte man ab der Zeit der Renaissance Möbel ganz gezielt mit Beizen und ande-

In Marokko findet man häufig so schöne alte, reich geschnitze und farbig gefasste Türen.

Das Türkis dieser alten italienischen Eingangstür erinnert an das nahe Meer.

Pigmente und Farbstoffe gibt es in allen nur erdenklichen Farbschattierungen.

ren farbgebenden Substanzen. In den folgenden Jahrhunderten wurden sämtliche Oberflächenmittel immer mehr verfeinert und weiterentwickelt. Mit der Seefahrt in asiatische Länder kam der dort lang schon bekannte Schellack zu uns, mit dem hochwertige Möbel auf Hochglanz poliert werden können. Erst im 20. Jahrhundert formierte sich eine Gegenbewegung, die nach dem floral-ornamantalen Jugendstil „überflüssiges“ Dekor als „verschwendete Arbeitszeit“ bezeichnete. Mit Möbeln im Stil des „Bauhaus“, bei denen die Form der Funktion folgen sollte, hielt ein sachlicher Stil mit dezenter Farbgebung in deutschen Wohnzimmern Einzug. Gegen 1960 bildete sich aber auch gegen diese Strömung massiver Widerstand und Farbe und Form konnten, vor allem bei Kunststoff- aber auch bei Holzmöbeln, nicht intensiv und auffallend genug sein.

Bei dem reichen Angebot an Oberflächenmitteln die richtige Wahl zu treffen, ist nicht ganz einfach!

Heutzutage gibt es eigentlich alle Stilrichtungen im Möbelsektor, von minimalistisch über ländlich, von klassisch bis zu üppig. Damit einhergehen eine unüberschaubar große Menge an verschiedenen Oberflächenmitteln, von farblos bis schillernd bunt, von natürlich bis künstlich und von schlicht bis edel. Ein schwarz hochglänzender Stuhl im Barockstil wird als ebenso individuell empfunden wie ein unbehandelt wirkender massiver Eichentisch. Den Designwünschen des Verbrauchers scheinen keine Grenzen gesetzt zu sein. Mit den Möbeldiscountern sind Möbel zudem zu schnell austauschbaren Einrichtungsgegenständen geworden, die nicht mehr für ein ganzes Leben bestimmt sind. Die Wegwerfmentalität bewirkt, dass viele Möbel möglichst billig gebaut und mit minderwertigen Überzugsmitteln behandelt werden. Im Gegensatz dazu hat es aber immer auch Menschen gegeben, die gute handwerkliche Qualität zu schätzen wissen und sogar selber Hand an Holz legen. Die Do-it-yourself-Szene wächst und hat unter anderem das Recycling von Möbeln für sich entdeckt.

An Sie als interessierter Holzwerker und Holzliebhaber wendet sich nun das vorliegende Buch: Es soll ein Wegweiser durch das schier unüberschaubare Spektrum der Oberflächenmittel und deren Anwendung sein. Der Schwerpunkt liegt dabei auf der Oberflächenbehandlung im Innenbereich, aber auch die Kriterien für den Schutz für Holz im Außenbereich werden ausführlich dargestellt.

Die Basis für die richtige Anwendung der vorgeschlagenen Mittel fußt auf einem grundsätzlichen Verständnis des Werkstoffes Holz. Daher widme ich den spezifischen, für die Oberflächenbehandlung relevanten Holzeigenschaften extra ein eigenes Kapitel. Zum besseren Verständnis gehe ich auch auf die geschichtliche Entwicklung der jeweiligen Techniken ein. Entscheidend für ein gutes Ergebnis ist aber auch die effektive Vorbehandlung des rohen Holzes, das richtige Schleifen, das Wässern etc. Als gelernte Schreinerin, Restauratorin und langjährige Dozentin im Holzbereich möchte ich Sie an meinem Wissen und meiner Erfahrung teilhaben lassen. So kann dieses Buch Ihnen helfen, zu entscheiden, welche Oberfläche zu Ihrem selbstgebauten Stück passt, wie Sie ein vorhandenes Möbel aufarbeiten oder ihren Gartenzaun schützen können. Dies sind nur ein paar wenige Beispiele. Das Buch ist so angelegt, dass es möglichst umfassend die einzelnen Mittel beschreibt und auch passende Anwendungen vorschlägt.

Im Kapitel „konstruktiver Holzschutz" zeige ich Ihnen sogar, dass Holz auch gar nicht behandelt werden muss, um der Witterung zu trotzen. Voraussetzung dafür ist, die richtige Holzauswahl und Einhaltung von bestimmten Konstruktionsregeln. Dieses Buch setzt auf eine Kombination von Hintergrundwissen und nützlichen Tipps bei der Umsetzung des Erlernten. Die Praxisteile mit vielen Fotos verdeutlichen, wie Oberflächenmittel sinnvoll und effektiv verarbeitet werden. Ich hoffe, dass das unüberschaubare Angebot an Beizen, Lasuren, Ölen, Wachsen und Lacken mit ihren teils kuriosen Namen für Sie in Zukunft kein Problem mehr darstellt.

Viel Erfolg beim Erkunden der spannenden Welt der Holzoberflächenbehandlung!

Kapitel 1

Holz und seine Eigenschaften

Eigenschaften

Wer bei der Oberflächenbehandlung zum gewünschten Ergebnis kommen möchte, sollte über die grundlegenden Eigenschaften von Holz Bescheid wissen.

- Ein lebender Baum kann bis zu 80 % seines Eigengewichtes an Wasser in seinen Zellen speichern, das nach und nach entweicht, nachdem er gefällt wurde. Dieser Prozess dauert unter natürlichen Bedingungen etwa 2 Jahre. Danach speichern die Holzzellen immer noch einen gewissen Wasseranteil, der als Holz- oder Restfeuchte bezeichnet wird. Holz sollte je nach Holzart und Klima eine Restfeuchte von 12–25 % für die Verarbeitung im Außenbereich und 6–12 % für Wohnräume haben. Feuchteres Holz ist für jede Oberflächenbehandlung ungeeignet, es „blutet" aus, d. h. dass es weiterhin Feuchtigkeit abgibt und eine Beschichtung oder Behandlung der Holzoberfläche nicht trocknen lässt. Lagerndes Holz passt sich in seinem Feuchtigkeitsgehalt seiner Umgebung an. Das kann bedeuten, dass die Restfeuchte wieder deutlich zunimmt, wenn man für den Innenbereich getrocknetes Holz längere Zeit im Freien lagert. Auch Keller oder Garagen können zu feucht sein.

Ein lebender Baum speichert bis zu 80 % seines Eigengewichtes an Wasser.

Die Faserrichtung des aufgeschnittenen Kirschbaumstammes verläuft im Kernbereich parallel zum Schnitt. Beim ebenfalls senkrecht geschnittenen Seitenbrett ist eine deutliche Fladerung zu erkennen, die durch die schräg angeschnittenen Holzfasern entsteht. Die wiederum hängt mit der Verjüngung des Stammes von unten nach oben zusammen.

- Durch gezielte, künstliche Holztrocknung wird Holz heutzutage genau für den jeweiligen Verwendungszweck getrocknet. Das Ziel dabei ist, die durch Quellen und Schwinden bedingten Verformungen und Risse im verarbeiteten Holz möglichst gering zu halten. Alle Plattenwerkstoffe aus Massivholz wie Leim- und Schichtholz sind grundsätzlich maschinell getrocknet.
- Holz wächst in Ringen, den sogenannten Jahresringen: Die hellen, weicheren Jahresringe wachsen in den warmen Jahreszeiten Frühjahr und Sommer, und werden daher auch als Frühholz bezeichnet. Die dunklen, dichteren, härteren Jahresringe entwickeln sich in den kälteren Wachstumsperioden Herbst und Winter und werden Spätholz genannt. In Gegenden, in denen die Temperaturen stark zwischen Sommer und Winter schwanken, sind die Unterschiede der Jahresringe wesentlich deutlicher als in Zonen mit ungefähr gleichbleibendem Klima. Bei Tropenhölzern sind deshalb die Dichte- und Härteunterschiede der Jahresringe geringer. Sie nehmen auch meist weniger Überzugsmittel auf als einheimische Holzsorten.

Praxistipp

Bewahren Sie getrocknetes Holz am besten in Räumen mit der Luftfeuchtigkeit auf, welche für das spätere Möbel bestimmt ist.

Das linke Brett hat „stehende“ Jahresringe, die es bei Feuchtigkeitsschwankungen dünner oder dicker werden lassen. Die „liegenden“ Jahre des rechten Kiefernbrettes lassen das Brett eher in der Breite schwinden oder quellen.

- Holzeigenschaften sind abhängig von ihrer Holzrichtung. Das wird als anisotroph bezeichnet. Die Aufnahmefähigkeit, das Quellen und Schwinden sind je nach Faserrichtung unterschiedlich stark ausgeprägt. In Richtung der Jahresringe quillt und schwindet Holz am stärksten, etwa bis zu 10 %. So entstehen Schwundrisse, vor allem in ganzen Stämmen und

An den beiden Halbstämmen ist das Schwundverhalten in Richtung der Jahresringe deutlich zu erkennen. Die nach der Holztrocknung gewölbten Schnittflächen lagen im frisch geschnittenen Zustand noch parallel aufeinander. Da Splintholz stärker schwindet, sind dort die Trockenrisse auch zahlreicher und breiter als im Kernbereich.

Da das feuchte Holz bei der Trocknung bis zu 10 % in Richtung der Jahresringe schwindet, entsteht in einem Vollstamm meist ein großer Riss durch alle Holzbereiche hindurch bis zum Kern. Hinzukommen noch mehrere kleine Risse, durch das noch stärkere Schwundverhalten von Splintholz bedingt.

Schwundmaße des Holzes

Die grauen Bereiche zeigen, dass beim Einschnitt des feuchten Holzes die Bretter noch ganz gleichmäßig und gerade waren. Nach der Trocknung wird, je nachdem, ob die Jahresringe im Brettquerschnitt stehen oder liegen, das jeweilige Brett bei der Trocknung dünner oder hohl, bzw. krumm.
In Richtung der Jahresringe schwindet Holz am stärksten. Im Stammquerschnitt ist zu erkennen, dass ein Brett mit „stehenden" Jahre hauptsächlich in der Dicke schwindet, während „liegende" Jahre ein stärkeres Schwinden in der Breite verursacht.

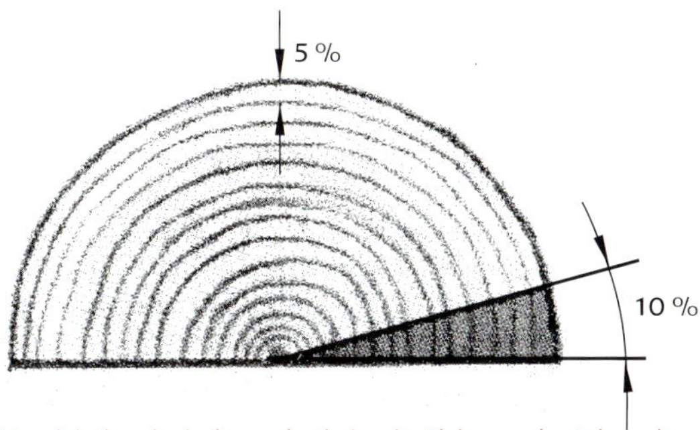

Massivholz schwindet und arbeitet in Richtung der Jahresringe mit bis zu 10 % am stärksten. In radialer Richtung kann der Schwund noch bis zu 5 % betragen. In Längsrichtung der Fasern (zeichnerisch nicht dargestellt) beträgt er nur bis zu 1 % und kann in Konstruktionen meist vernachlässigt werden.

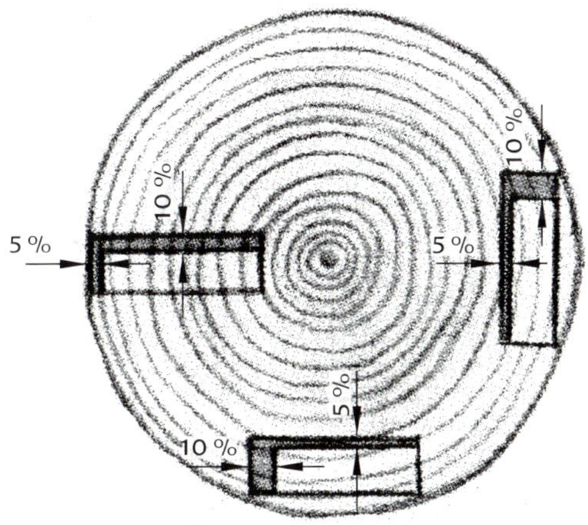

Die grauen Bereiche verdeutlichen, um wieviel größer die Querschnitte vor der Trocknung noch waren.

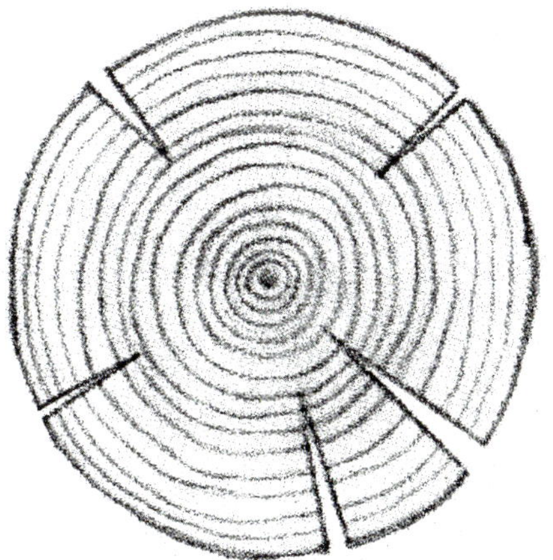

Holz, das als Stamm oder Balken (inklusive Kernbereich) getrocknet wird, reißt am stärksten. Vor allem das ursprünglich feuchtere und meist hellere Splintholz zeigt besonders starke und viele Risse.

Das Türeck rechts ist in klassischer Rahmenbauweise gefertigt. Die richtige Holzauswahl ist das wichtigste Kriterium für ein möglichst geringes Verziehen der gesamten Konstruktion.

Perfekt ist es, wenn die Jahresringe der Türfriese möglichst senkrecht zur Holzoberfläche verlaufen. Erkennbar ist das an der schlichten, geraden Maserung. Solche Friese werden unter Feuchtigkeitsschwankungen der Luft nur etwas dünner oder dicker, was auf die Exaktheit der Konstruktion keinen Einfluss hat. Massive Füllungen alter Zimmertüren weisen häufig in der Mitte eine deutliche Fladerung auf, was auf „liegende" Jahre hindeutet. Wenn die Füllung unverleimt in den Nuten der Rahmenkonstruktion ruht, stellen die Bereiche mit den „liegenden Jahren" kein Problem dar, sie können ungehindert in der Nut quellen oder schwinden. Bei farbig lackierten Türen ist dort oft deshalb die Farbe eingerissen.

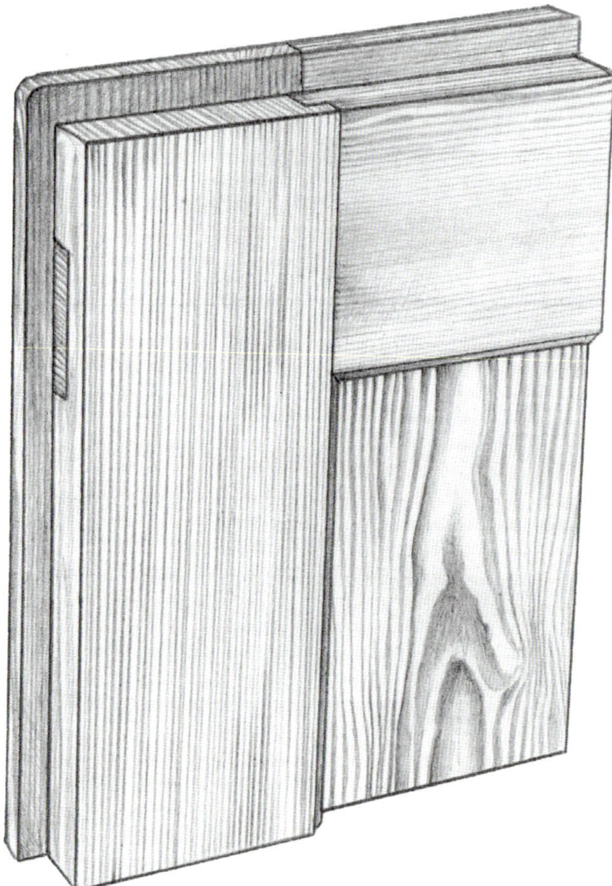

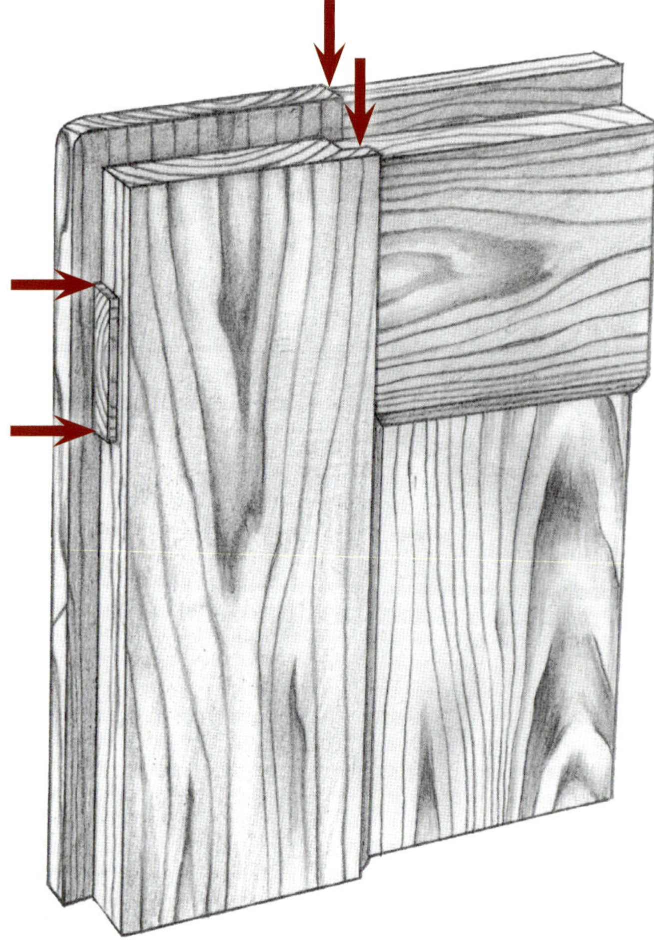

Problematisch ist es, wenn wie in diesem Fall die Friese aus Holz mit „liegenden" Jahren gefertigt sind. Erkennbar sind diese an der deutlichen Fladerung. Bei dieser „Fehlkonstruktion" schwinden die Friese deutlich, es bilden sich Absätze (siehe Pfeile) und die Passgenauigkeit der Tür lässt nach.

Balken. In Richtung der Markstrahlen, also radial arbeitet Holz bis zu 0,5 % und in der Längs- und damit Wuchsrichtung nur 0,1 %. Dadurch kann sich Holz verziehen, verdrehen, ausdehnen, reißen etc. Das gilt sowohl für frisch geschlagenes, als auch für bereits getrocknetes Holz. Moderne Holztrocknungsmethoden können das Arbeiten des Holzes zwar reduzieren, jedoch nicht ganz beseitigen. Geeignete Oberflächenmittel haben vor allem im Außenbereich die Aufgabe, die durch Wetterschwankungen bedingte Feuchtigkeitsaufnahme zu reduzieren, bzw. zu verhindern.

- Holz ist inhomogen, d. h. Rinde, Splint und Kern haben eine jeweils unterschiedliche Struktur. Der Außenbereich eines Stammes, das sogenannte Splintholz ist für den Transport von Nährstoffen und Wasser im Baum zuständig. Hier sind die Poren weich und saugfähig und damit auch deutlich feuchter. Zur Mitte hin werden die Fasern zunehmend härter und dichter, da sie für die Tragfähigkeit des Stammes verantwortlich sind. Die Zellen im Kernbereich verstopfen und verfestigen sich im Laufe eines Baumlebens. Man erkennt sie auch an der meist dunkleren Färbung, bedingt durch den erhöhten Harzanteil. Die Folge ist, dass Überzugsmaterialien von diesen dichten Poren weniger aufgenommen werden als von den offenen des Splints. Eine Folge davon kann sein, dass Kernholz sich beispielsweise schlechter beizen lässt als Splintholz.
- Die Holzzellen der jeweiligen Stammbereiche sind chemisch unterschiedlich zusammengesetzt. Splintholz ist eiweiß- und nährstoffreicher als Kernholz und wird darum eher von Insekten und Pilzen befallen. Eichenholz beispielsweise hat einen weißen, stark eiweißreichen Splint, den Holzwürmer sehr mögen. Ein Holzwerker bekam früher dieses weiße Eichenholz normalerweise nicht zu Gesicht, da Eiche per Ver-

Die voneinander abweichende Struktur von Splint- und Kernholz ist der Grund für unterschiedliches Schwundverhalten. Da das lockere Holz des Splintbereiches für den Wasser- und Nährstofftransport am lebenden Baum zuständig ist, schwindet es deutlich stärker als das festere Holz des Kernbereiches, das für die Standhaftigkeit des Stammes sorgt.

Modernes Möbeldesign scheut nicht davor zurück, selbst deutlich von Schädlingen befallenes Holz als schmückendes Element einzusetzen. Es ist davon auszugehen, dass diese Schubladenfronten so behandelt wurden, dass kein Holzwurm mehr daran nagen möchte.

Der erhöhte Eiweißgehalt im hellen Splintholzes dieses Holzstückes aus Padouk macht es für Holzschädlinge so schmackhaft.

Wo die Zersetzung durch dauerhaften Feuchtigkeitseinfluss einsetzt, sind Holzschädlinge auch bald zur Stelle.

ordnung nur als splintfreies Kernholz in den Handel kommen durfte. Durch die künstliche Holztrocknung konnten diese Regeln gelockert werden, Holzschädlinge werden dabei immer abgetötet.

- Splintholz neigt bei Feuchtigkeits- und Temperaturschwankungen stärker zum „Arbeiten“ als Kernholz, weswegen es für die Konstruktion maßhaltiger Bauteile (z. B. Fenster und Türen) weniger geeignet ist. Härtere Holzsorten haben eine dichtere Struktur und quellen somit weniger bei Feuchtigkeitsaufnahme. Man bevorzugt sie für die Konstruktion maßhaltiger Bauteile. Außerdem wirkt die Verleimung schmaler Massivholzstreifen dem Arbeiten des Holzes entgegen wie in den sogenannten Leimbindern.
- Holz ist vor allem im unbehandelten Zustand hygroskopisch, d. h. jede Pore zieht Feuchtigkeit an. Es ist also nicht nur so, dass Holzzellen Feuchtigkeit aufnehmen, das gesamte Holzgefüge saugt Wasser regelrecht an. Die Holzfasern in der Längsrichtung eines Stammes stellt man sich am besten als „Röhren“ vor, in derem Inneren das Wasser und die Nährstoffe transportiert und gespeichert werden. Der waagrechte Röhrenquerschnitt, das sogenannte Hirn- oder Stirnholz, ist besonders aufnahmefähig. Jeder, der schon einmal versucht hat, an einer Hirnholzschnittfläche eine geschlossene Lackschicht zu erzielen, weiß, wie viel mehr er dort auftragen muss als in der Längsrichtung der Holzfasern.

Im lebenden Holz bewirkt der Kapillareffekt, dass Nährstoffe und Wasser von den Wurzeln bis in die Blattspitzen gesogen werden. Am trockenen Hirnholz verschwinden Wasser und Oberflächenmittel deswegen so schnell, da auch hier das Holz saugt. Hirnholzbreiche benötigen daher eine größere Menge an Überzugsmitteln, bis ihre Poren gesättigt sind.

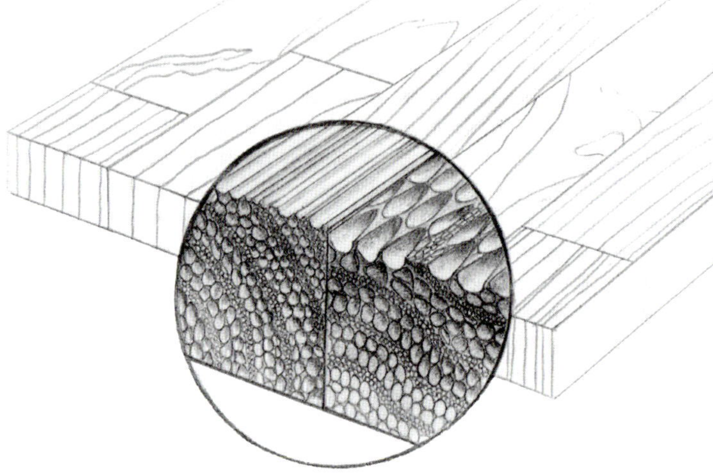

Dieses in der Länge zusammengesetzte Leimholz aus Kirschbaumholz besteht aus kurzen Leisten mit stark voneinander abweichendem Faserverlauf, Dichte und Struktur. Daraus resultiert ein ganz unterschiedliches Aufnahmevermögen von Flüssigkeiten, was eine gleichmäßige Oberflächenbeschichtung erschwert. Die Lupe verdeutlicht, dass links die Holzfasern parallel und rechts schräg zur Oberfläche verlaufen. Das bedeutet, dass rechts deutlich mehr Oberflächenmittel von den Holzfaser aufgesaugt wird. Z. B. würde bei einer Behandlung mit Beize diese Leiste dunkler werden, bzw. würden bei einer Ölbehandlung mehr Aufträge benötigt, um die Holzporen zu füllen.

- Holz verändert seine Farbe im Laufe der Jahre, helles Weich- bzw. Nadelholz wird gelblich und dunkler, die meisten dunklen Hartholzsorten bleichen unter Lichteinfluss eher aus. Geeignete Oberflächenmittel mit UV Schutz bzw. UV Blockern können Verfärbungen reduzieren. Um helle Holzsorten über Jahre wie unbehandelt aussehen zu lassen, kann man dem Überzugsmittel z. B. einem Öl, 1–3 % weiße Pigmente beimischen.
- Zusätzlich zur Längsrichtung der Jahresringe im Stamm gibt es bei vielen Baumarten Markstrahlen. Das sind radial verlaufende Gewebestränge vom Kern bis zur Rinde. Sie dienen der Versorgung mit Wasser und Nährstoffen von außen nach innen. Bei einigen Holzsorten (Eiche, Buche) sind sie deutlich als silbrige, leicht glänzende Streifen zu sehen. Sie bleiben nach jeder transparenten Oberflächenbehandlung deutlich sichtbar und gelten als Charakteristikum dieser Holzsorten. Eine Qualitätsveränderung des Holzes ist damit nicht verbunden.

Die unbehandelte Fichtenholzdecke ist zwanzig Jahre alt. In diesem Zeitraum ist das ursprünglich weißliche Holz deutlich vergilbt.

Dieser Stammquerschnitt aus Eichenholz zeigt eine deutliche radiale Faserstruktur. Die hellen Streifen sind die für Eiche besonders typischen Markstrahlen, die für eine zusätzliche Nährstoffversorgung des Stammes von der Rinde bis zu Kern sorgen.

Wer den natürlichen Alterungseffekt nicht mag, kann frisches Nadelholz mit einem weiß pigmentierten Öl einlassen. So behält es auch über Jahrzehnte hinweg seine ursprüngliche helle Färbung.

Auf einem Eichenbrett sind diese Markstrahlen als helle „Spiegel" zu erkennen, die in der Regel Oberflächenmittel schlechter annehmen als das übrige Eichenholz.

- Holz altert und zersetzt sich, vor allem unter Witterungseinflüssen, denn es besteht zu 25–30 % aus Lignin, dem Kitt zwischen den Zellulosefasern. Im Außenbereich dringt die Strahlung der Sonne bis 2 mm tief in Holzoberflächen ein und baut dabei das Lignin ab. Niederschläge und Wind tragen diese gelockerten Holzzellen, vor allem die der weicheren Jahresringe, fort. Es entsteht eine strukturierte graue Holzoberfläche. Die veränderte graue Färbung entsteht, weil die Witterung die eigentlich weißen Zelluloseanteile des Holzes ans Licht bringt, die sich durch Staub, Schmutz und Mikroorganismen aber schnell grau verfärben. Es können so zwar im Laufe von Jahrzehnten mehrere Zentimeter abgetragen werden. Dieser Prozess ist aber ganz natürlich und schadet der Festigkeit des Holzes nicht. Dies lässt sich an Häusern in Bergregionen gut beobachten. Sie trotzen, obwohl unbehandelt, viele Jahrzehnte lang Wind und Wetter und das oft ohne Schäden. Allerdings wurde und wird in diesen Regionen normalerweise nach den Regeln des konstruktiven Holzschutzes gebaut, was den Alterungsprozess deutlich aufhalten kann. Wer dieses natürliche Vergrauen verlangsamen oder ganz verhindern möchte, sollte das Holz mit geeigneten, pigmentierten Mitteln behandeln und den Anstrich regelmäßig renovieren.

Unbehandeltes Lärchenholz im Außenbereich trotzt der Witterung aufgrund seines hohen Harzgehaltes. Dauerhafte Sonneneinstrahlung gibt dem Holz die typische rötliche Färbung.

Regen und Schnee verursachen die Graufärbung des Lärchenholzes. Das gelockerte Lignin wird ausgespült, die weiße Holzzellulose wird sichtbar und färbt sich durch Luftverschmutzung und Mikroorganismen grau.

Besonders stark ist durch Witterungseinflüsse bedingte Erosion im Bodenbereich zu sehen. Die weicheren Frühholzbereiche dieser Terrassendiele werden stärker abgetragen als das härtere Spätholz.

Die Eingangstür dieses modernen Hauses wirkt erst durch die Verwendung von unbehandeltem Altholz so schön rustikal.

Sägeraues Nadelholz hat eine besonders grobe Struktur und schluckt große Mengen an Oberflächenmitteln.

Die maschinell gehobelte Oberfläche lässt sich schon besser mit passenden Oberflächenmitteln behandeln.

Am feinsten wird die Oberfläche, wenn Nadelholz auch noch geschliffen wird.

Wie wirkt sich die Oberflächenstruktur aus?

Wenn man sein Werkstück mit einem Überzugsmittel behandeln möchte, spielt die Struktur der Holzoberfläche die ganz entscheidende Rolle. Je rauer sie ist, desto mehr Flüssigkeit wird aufgenommen.

- Am gröbsten sind sägeraue Hölzer, da Sägen die Oberfläche aufreißen. Dachlatten beispielsweise mit ihrer extrem rauen Oberfläche saugen eine erheblich höhere Menge an Überzugsmaterial auf als glatt gehobelte Flächen.
- Gehobelte Holzflächen haben glatt abgeschnittene Fasern, die teilweise durch den Hobelvorgang verschlossen werden. Unter Umständen nimmt daher eine gehobelte Fläche bestimmte Oberflächenmittel schlechter auf als eine geschliffene Fläche. Wer vorhat, eine gehobelte, massive Holzfläche zu beizen, sollte sie vorher mit der geeigneten Körnung schleifen. Das Beizbild wird so auf alle Fälle gleichmäßiger.
- Beim maschinellen Hobeln können evtl. Hobelschläge entstehen, die erst durch die Oberflächenbehandlung sichtbar werden. Hier hilft ein Nachschleifen (von Hand) in Faserrichtung.
- In den meisten Fällen empfiehlt es sich, Holzoberflächen zu schleifen, bevor man ein Überzugsmittel aufträgt. Die richtige Körnung ist hier ganz entscheidend. Bei Massivholz sollte man sich an folgende Richtwerte halten: 100–150 für Weichholz und 120–180 für Hartholz. Ein zu feiner Schliff kann die Poren „zuschmieren", die Aufnahme von Überzugsmitteln wird dadurch erschwert.
- Furnierte Flächen sollten feiner geschliffen werden: Körnung 120–180 bei Weichholzfurnier, 150–240 bei Hartholzfurnier
- Maschineller Schliff kann bei zu grober Körnung Schleifriefen und -ringe hervorrufen, die durch die anschließende Oberflächenbehandlung erst richtig sichtbar werden. Auch hier hilft nur Nachschleifen in Richtung der Fasern, am besten von Hand.
- Heutzutage gibt es auch strukturierte Holzoberflächen im Handel. Ein Beispiel dafür sind gebürstete Weichhölzer, die ihren „verwitterten" Charakter durch das Ausbürsten der weichen Jahresringe erhalten. Entsprechend oberflächenbehandelt wirkt gebürstetes Weichholz ländlich rustikal.
- Auch sogenannte „Rough"-Furniere sind auf dem Markt, die schon ab Werk mit einer gleichmäßig groben Sägestruktur hergestellt werden (siehe Foto S. 28).
- Leimflecken, die im rohen Holz nicht zu sehen sind, können als unschöne weißliche Stellen in der behandelten Fläche auftauchen. Hier hilft nur Schleifen in Faserrichtung, um dann die Oberflächenbeschichtung zu wiederholen.

Wie hart sind Hölzer?

Die Holzsorten werden unterteilt in verschiedene Holzhärtegrade, die Übergange sind fließend:

- **sehr weich:**
  Espe, Gabun, Pappel, Tanne, Weide
- **weich:**
  Bergahorn, Birke, Douglasie, Erle, Fichte, Lärche, Linde, Platane
- **mittelhart:**
  Kastanie, Kiefer (Föhre), Pitch-Pine
- **hart:**
  Ahorn, Akazie (Robinie), Birnbaum, Eiche, Esche, Kirschbaum, Mahagoni, Platane, Teak, Ulme (Rüster)
- **sehr hart:**
  Buche, Eibe, Hickory, Nussbaum, Palisander, Schlangenholz
- **zu den härtesten Hölzern gehören:**
  Azobé, Ebenholz, Pockholz, Quebracho

Künstlich strukturiertes Fichtenholz wirkt rustikal.

Auf rohem Holz ist Weißleim fast nicht zu erkennen.

Aber wenn das Holz gebeizt wird, zeigt sich der Leimfleck ganz deutlich.

Welche Holztypen gibt es?

Man unterscheidet zwischen Massivholz und Holzwerkstoffen:

- Holz in seiner natürlichen Form wird als Voll- bzw. Massivholz bezeichnet. Auch verleimtes Vollholz gilt als Massivholz. Heutzutage besonders beliebt sind die sogenannten Leimholzplatten, bei denen Leisten einer Holzsorte, aber völlig unterschiedlicher Wuchsrichtung, miteinander zu Platten verleimt werden. Diese Strukturunterschiede in einer Fläche können zu Unregelmäßigkeiten bei der Oberflächenbehandlung führen.
- Im Aufbau gleichmäßiger und maßhaltiger als Vollholz sind Holzwerkstoffe, die aus zerteiltem Holz, Schälfurnieren und Restholz der Holzindustrie mit Bindemitteln produziert werden. Holzwerkstoffe sind meistens preislich günstiger als Massivholz, maschinell einfacher zu verarbeiten und ermöglichen großflächige Konstruktionen.

Viele gespaltene Eichenstücke mit „Rough"-Charakter sind auf eine Spanplatte geleimt und können in größeren Einheiten montiert werden.

Früher war es unter Schreinern nicht erlaubt, das fast weiße Splintholz von Eiche zu verarbeiten, da es durch den erhöhten Eiweißgehalt stark von Schadinsekten befallen wird. Bei der heute üblichen künstlichen Holztrocknung werden alle Schädlinge abgetötet, das weiße Holz taucht gelegentlich in Leimholzplatten auf und richtet keine Schaden mehr an.

Der neueste Schrei sind Leimholzplatten aus echtem Altholz, deren Oberfläche besonders urig ist. Allerdings macht sich das auch deutlich im Preis bemerkbar.

Für den besseren Zusammenhalt sind die Lamellen von Leimholz in der Längsrichtung keilverzinkt.

Durchgehende Lamellen wie beim Nussbaum-Leimholz (rechts) begünstigen eine gleichmäßige Oberflächengestaltung. Durch die unruhige Maserung (links) wird auch jede Art der Oberflächenbehandlung entsprechend unregelmäßig.

Welche Holzwerkstoffe gibt es?

Sperrholz ist der Oberbegriff für Platten, bei denen durch die Verleimung der einzelnen Schichten das Arbeiten des Holzes verhindert, bzw. abgesperrt wird. Man spricht bei der obersten Schicht auch von Absperrfurnier. Sperrholz sieht anders aus als Massivholz und „arbeitet" in der Regel weniger bis gar nicht.

- **Tischlerplatten** sind Sperrhölzer, deren Mittellagen aus nebeneinander liegenden Leisten bestehen, die beidseitig mit quer aufgeleimten Furnieren abgesperrt sind. Man unterscheidet nach der Breite der Leisten in Stab- und Stäbchenplatten. Sie werden viel für Schrankinnenteile verwendet, da sie formstabil sind. Mit Umleimern versehen und Edel- bzw. Deckfurnieren belegt kommen sie häufig als hochwertige Möbeltüren zum Einsatz.
- **Furnierplatten** bestehen aus kreuzweise verleimten Schälfurnieren. Sie sind, um besonders maßhaltig zu sein, symmetrisch aufgebaut, d. h. sie bestehen aus einer ungeraden Zahl an Furnierlagen. Wenn es sich um mehr als 5 Schichten handelt, nennt man sie Multiplex Platten.

Sogar Bambus gibt es als Leimholzplatten zu kaufen. Dieses harte Holz ist stark beanspruchbar.

Sperrholzplatten setzen sich aus kreuzweise verleimten Schälfurnierschichten zusammen. Bei mehr als fünf Schichten spricht man von Multiplexplatten.

Die sogenannten Tischlerplatten bestehen aus Weichholzleisten, die mit kreuzweise verleimtem Furnierschichten in Form gehalten werden. Die rechte Platte ist zusätzlich mit einem Edelfurnier aus Eiche belegt.

Spanplatten gehören zu der Gruppe der Holzspanwerkstoffe, die aus mehreren Schichten feiner Sägespäne bestehen. Ihr Nachteil ist die geringe Biegefestigkeit und Formstabilität, ihr großer Vorteil aber der günstige Preis.

OSB Platten haben eine dekorative grobe Spanstruktur und eine deutlich höhere Biegefestigkeit als Spanplatten. Sie finden hauptsächlich als sichtbares Konstruktionsmaterial im Innenbereich und Fußbodenbelag Verwendung.

- **Holzspanplatten** bestehen aus mit Kunstharz versetzten Holzspänen, die unter Druck zu porösen Platten gepresst werden. Sie werden furniert oder mit diversen Kunststoffen belegt, zu preislich günstigen Möbeln verarbeitet. Im unbelegten Zustand lassen sie sich nur dann zufriedenstellend lackieren, wenn sie gespachtelt und geschliffen werden. Gesundheitlich belastend kann das aus den Platten diffundierende Formaldehyd sein.
- **OSB-Platten** sind Grobspanplatten, deren längliche Späne der Platte eine deutlich höhere Biegefestigkeit verleihen als Spanplatten. OSB steht für „oriented structured board" und bedeutet übersetzt soviel wie „Platte aus ausgerichteten Spänen". Aufgrund ihrer dekorativen Spanstruktur werden OSB Platten in der Regel nicht beschichtet verarbeitet.
- **Holzfaserplatten** bestehen aus Holzfasern, die mit oder ohne Bindemittel verpresst werden. Die saugenden Weichfaserplatten werden als Dämmung verwendet, die dichteren und meist dünneren Hartfaserplatten meistens als Rück- und Trennwände in Möbeln und Türen. Auf der sogenannten „Siebseite" sind sie rau, die andere Seite ist mit Paraffin geglättet. Vor der Oberflächenbehandlung sollte sie nicht mehr geschliffen werden.
- **Mitteldichte Faserplatten,** kurz **MDF-Platten** genannt, sind dicht und glatt. Sie werden aus feinst zerfasertem Nadelholz schonend gepresst und sind in jeder Richtung homogen. Ihre Kanten sind so glatt und fest, dass sie im Gegensatz zu Spanplatten ohne besonderen Anleimer profiliert werden können. MDF sind aufgrund ihrer guten technischen Eigenschaften sehr beliebt, ihre Produktion steigt ständig. Sie eignen sich besonders zur Behandlung mit farbigen Lacken, da sie keine sichtbare Holzstruktur haben.

Was ist Furnier und wie wird es hergestellt?

- Furniere werden aus Vollholz gesägt, gemessert oder geschält. Die älteste Furnierart ist das Sägefurnier, bei dem mehrere 1,2 bis 10 mm dicke Schichten in der Längsrichtung vom Stamm abgetrennt werden. 50 bis 80 % des Holzes sind dabei Abfall, bzw. Sägemehl. Diese aufwendige und durch hohen Materialverlust gekennzeichnete Arbeitsweise war so lange populär, bis das Messern von Furnier entwickelt wurde. Dazu wird der Stamm zuerst gekocht oder gedämpft, um anschließend dünne Furnierblätter mit einer Dicke von 0,5 bis 1,0 mm abzuschneiden. Positiv bei dieser Methode ist der geringe Materialverlust, negativ können evtl. feine „Messerrisse" sein, die sich bei der Oberflächenbehandlung abzeichnen können. Messerfurnier dient der Verschönerung und Veredlung schlichter Holzflächen oder – Werkstoffe und wird deswegen als Deck- und Edelfurnier bezeichnet.
- Beim Schälen wird der Stamm um seine Achse gedreht, um von außen nach innen ein endloses Furnierband abzuschälen. Schälfurnier hat eine stark verwaschene Struktur und wird nur für optisch wenig anspruchsvolle Flächen verwendet. Man bezeichnet es auch als Blindfurnier. Furnierplatten werden aus Schälfurnier hergestellt. Auch Tischler-, Stab- bzw. Stäbchenplatten sind „nur" mit Schälfurnier belegt. Sie werden für die Möbelherstellung in der Regel noch mit Edelfurnier überfurniert.
- Die Art der Maserung gibt den Furnieren ihren Namen. Es gibt das „schlicht gemaserte" Furnierbild, bei dem das Furnier nahe dem Kern aus dem Stamm geschnitten wurde. „Gefladertes" Furnier wir eher aus den Randbereichen eines Stammes geschnitten und weist aufgrund des konischen Baumwuchses meist in der Mitte den typischen Flader aus. Blumenmahagoni beispielsweise wird aus breiten Astgabeln geschnitten und erhält so seine organische Ausstrahlung.

Sägefurnier wird heutzutage in Stärken von 1,2 bis 1,5 mm, 5 mm, 7 mm und 10 mm angeboten.

Intarsien und Marketerien sollte man kurz erklären: Intarsien (von arab. tarsi, Verbindung) nennt man Einlege-Arbeiten, bei denen Furniere in massives Holz eingesetzt werden. Das Aufleimen zusammengesetzter kleiner Furnierstücke auf ein Träger-Blindholz (das man nicht sieht) nennt man Marketerie.

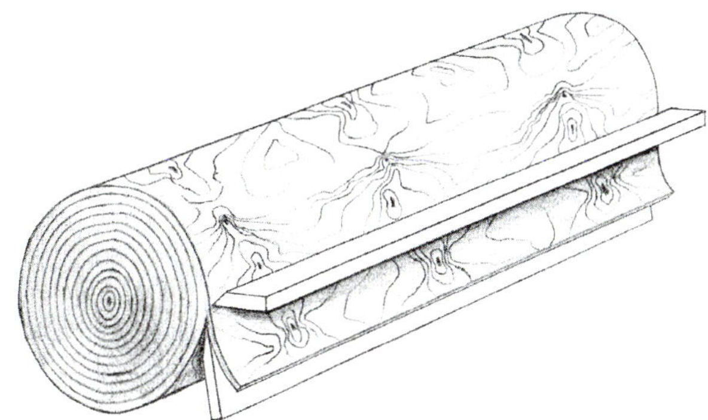

Schälfurnier wird von außen nach innen vom rotierenden Stamm geschält, das für Tischler-, Furnier-, und Mutiplexplatten verwendet wird. Die verwaschen wirkende Maserung macht es zum minderwertigen „Blindfurnier", das für hochwertige Möbel noch mit einem „Edelfurnier" (hergestellt im Messerverfahren) belegt wird.

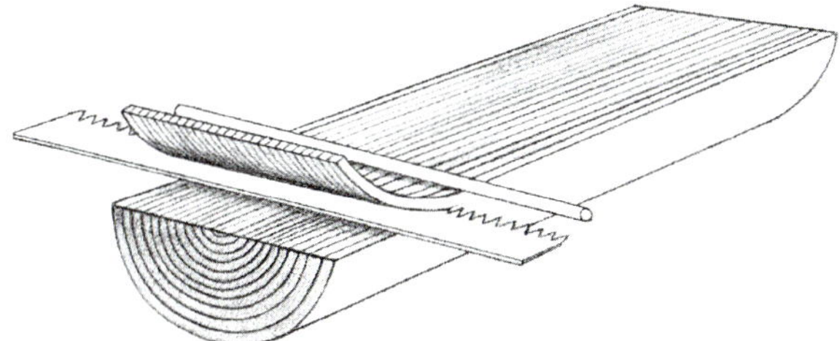

Die Technik des Sägens von Furnier ist die älteste. Dabei wurde es in Dicken ab 2 mm von Hand aus dem vollen Stamm gesägt. Die Technik ist wenig gebräuchlich, da durch die Dicke des Sägeblattes bedingt, mit einem Holzverlust von 50 bis 80 % zu rechnen ist.

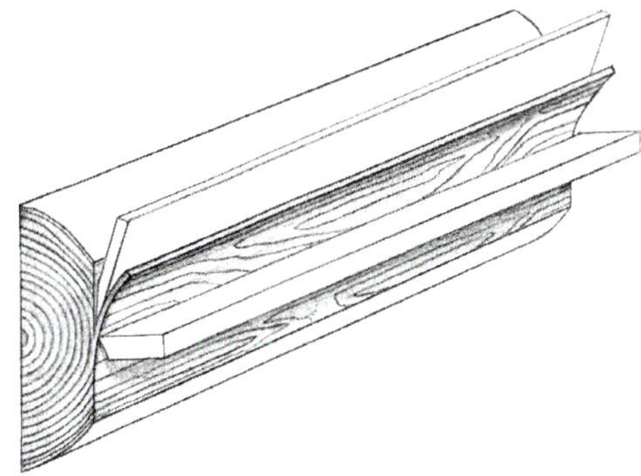

In Dicken bis zu 1 mm trennen elektrische Messer das Furnier vom Stamm ab, wobei kaum Verschnitt entsteht. Diese Methode ist die heute gebräuchliche bei Furnier, das für die Verarbeitung in Handwerk und Industrie hergestellt wird.

Edelfurnier, hier aus Mahagoniholz, ist in der Regel gemessert, d. h. es wird in einer Stärke von 0,4 bis 1 mm mit Messern vom Holzstamm abgetrennt. Links im Bild wurde daraus ein Rautenmuster zusammengesetzt.

Je nach Baumart und Herkunft sieht Furnier sehr unterschiedlich aus. Beim gewellten Furnierblatt links im Bild handelt es sich um sogenanntes „Pyramidenmahagoni", das aus einer breiten Astgabelung geschnitten wurde.

Sogenannte „Rough-Cut"-Furniere werden mit einer gleichmäßig rauen Sägestruktur hergestellt.

Eine Besonderheit sind Hirnholzfurniere. Hier ist der Holzverarbeitenden Industrie gelungen, Stammquerschnitte in mm dünne Scheiben aufzuschneiden, die zur Stabilitätssicherung rückseitig kaschiert sind.

Wenig spektakulär sieht Schälfurnier aus, das von allen Furnierarten mit den geringsten Kosten hergestellt wird. Von einem rotierenden Stamm werden von außen nach innen dünne Furnierblätter abgeschält, die kreuzweise verleimt zu Sperrholz, bzw. Multiplexplatten und Zweckmöbeln verarbeitet werden. Die Maserung wirkt, da sie meist parallel zu den Jahresringen verläuft, verwaschen und teilweise unnatürlich.

Schichtstoffplatten ahmen Massivholz täuschend echt nach. Kunststoffdekore, die inzwischen nicht nur die Maserung, sondern auch die Oberflächenbeschaffenheit der jeweiligen Holzsorten dreidimensional abbilden, werden vielfältig eingesetzt.

Kapitel 2

AQUA CLOU
WACHSLASUR
LUMBERJACK
LEINÖL-FIRNIS
HOLZÖL
PinselClip
Pince à Pinceaux
HOLZBEIZE
LACK-LASUR
HOLZLACK
CLOU
HOLZ-SIEGEL
YACHT
THERMOHOLZ ÖL
Xyladecor

Der Begriffsdschungel der Oberflächenmittel

Jeder Kunde sucht instinktiv nach dem optimalen Mittel zur Behandlung seiner selbst gefertigten oder gekauften Möbelstücke. Hersteller versuchen allen, auch unsinnigen Verbraucherwünschen zu entsprechen, um ihre eigenen Produkte möglichst effektiv zu vermarkten. Außerdem glauben auch viele Kunden, dass ein neues Produkt grundsätzlich besser sei als ein „altes". Sie tragen mit ihrem Kaufverhalten zum Verwirrspiel der Hersteller bei, die bewährte Mittel umbenennen ohne deren Zusammensetzung radikal zu verändern.

Vor allem ein großer deutscher Oberflächenmittel Produzent tendiert dazu, alle paar Jahre neue Produktreihen in veränderten Gebinden und unter anderen Namen auf den Markt zu bringen. Wer bisher seine Möbel mit einem bestimmten Produkt behandelt hat und es ein paar Jahre später gerne mit diesem wieder auffrischen würde, bleibt dann ratlos vor den Verkaufsregalen stehen. Da zumeist die Information fehlt, dass es sich bei einem neuen Produkt um den Nachfolger eines bewährten handelt, zögern Sie nicht, dies beim Hersteller zu erfragen, um einen Fehlkauf zu vermeiden.

Ins Angebot der Bau- und Fachmärkte kommen also laufend neue Oberflächenmittel mit immer noch raffinierteren Eigenschaften und teilweise exotischen Namen. Da Produktbezeichnungen in der Regel nicht geschützt sind und oft von fachfremden Marketingstrategen entwickelt werden, sind Mittel mit irreführenden Namen das Resultat. Nur einige Beispiele:

- Ein gefärbtes Wachs bietet ein Hersteller als „Hartglanzbeize" an. Dieses Wachs hat mit einer Beize (Farbstoffe und Pigmente in pulverisierter oder flüssiger Form) nichts zu tun. Es ist eigentlich ein Antikwachs und wäre für den Kunden unter diesem Begriff auch leichter einzuordnen, da es auf hellem Weichholz einen Alterungseffekt bewirkt.
- Es kommt auch vor, dass Produktbezeichnungen ungenau sind, bzw. mehrere Bedeutungen haben: Unter der Bezeichnung „Antikbeize" habe ich bei drei verschiedenen Firmen drei unterschiedliche Produkte gefunden, einmal eine einfache Farbstoffbeize, dann eine chemische Beize und zuletzt ein Überzugsmittel mit Patiniereffekt für bereits lackiertes Holz.

„Hartglanzbeize" hat nichts mit einer Beize zu tun, es handelt sich hierbei um ein gefärbtes Antikwachs.

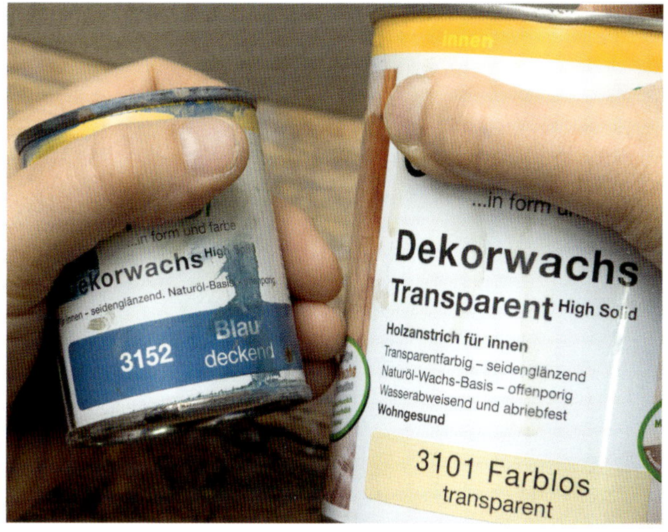

„Dekorwachs" ist eigentlich ein gefärbtes Hartölwachs und lässt sich bestens mit transparentem Dekorwachs, aber auch Hartölwachs derselben Firma mischen.

- Im Ölkapitel wird beschrieben, dass es Öle gibt, die speziell für besonders inhaltsstoffreiche Hölzer konzipiert sind, wie z. B. „Teak-Öl“. Unter derselben Bezeichnung kann man aber auch ein für viele andere Holzsorten geeignetes Öl finden, dass im Farbton „Teak“ eingefärbt ist und deswegen auch als Teak-Öl bezeichnet wird.
- Unter dem Begriff „Dekorwachs“ vertreibt ein namhafter Hersteller sein gefärbtes Hartwachsöl. Diese Begriffsverirrung ist besonders unverständlich, da sich dieses „Wachs“ ganz unkompliziert mit dem farblosen Hartwachsöl desselben Herstellers mischen lässt, um einen bestimmten Farbdeckungsgrad zu erreichen. Besonders hier, wo zwei Produkte sich hervorragend ergänzen, wären zusammengehörende Bezeichnungen wünschenswert.
- Auch kommt es vor, dass die gleichen Produkte für den Heimwerkermarkt unter ganz anderen Bezeichnungen und natürlich auch anderen Preisen Profis angeboten werden. Dieses große Unternehmen hat offensichtlich kein Interesse daran, dass der Kunde über das von ihm gekaufte Produkt wirklich Bescheid weiß und Vergleiche anstellen könnte.
- Dieselbe Firma bietet eine „farblose, wasserverdünnbare Holzöl-Lasur“ an. Das macht per se eigentlich keinen Sinn, da sich Öl und Wasser bekanntermaßen nicht mischen lassen. Dem Produkt sind entsprechende Emulgatoren beigemischt, die eine Verbindung ermöglichen. Außerdem signalisiert der Begriff „Lasur“ in der Regel eine farbige Pigmentierung des Produktes, das die Holzmaserung noch erkennen lässt. Hier soll ein einzelnes Produkt möglichst viele Verbraucherwünsche gleichzeitig abdecken.

Gut zu wissen

Produkte, die möglichst viele verschiedene Verbraucherwünsche in sich vereinen, müssen in ihrer Anwendung und Wirkung nicht schlecht sein, aber sie tragen zur Verwirrung des Verbrauchers bei.

Eine eindeutige Zuordnung von Oberflächenmitteln wäre für jeden Verbraucher hilfreich, damit er sein optimales Produkt zielsicher finden kann. Es ist aber offensichtlich, dass Hersteller nicht an einer Vergleichbarkeit ihrer Produkte mit anderen Unternehmen interessiert sind, in der Hoffnung, sich so einen Wettbewerbsvorteil zu sichern. Die Vereinheitlichung der Produktnamen wird daher wohl weiterhin ein frommer Wunsch bleiben!

Selbstverständlich möchte ich nicht die Weiterentwicklung von Produkten kritisieren, die zum Ziel hat, gefährliche und gesundheitsschädliche Inhaltsstoffe zu reduzieren. Aber manche „Verbesserungen“ tragen nicht wirklich zu einem sinnvolleren Produkt

„Wasserverdünnbare Holzöl-Lasur“ will viele Eigenschaften in einem Produkt vereinen.

„Teak-Öl“ ist entweder nur für Teakholz geeignet oder im Farbton von Teak eingefärbt.

„Teak-Möbelöl“ ist in erster Linie für Teakholz, aber auch für alle anderen Hartholz Gartenmöbel konzipiert.

bei. So wird ein Fußbodenöl beispielsweise damit beworben, dass es nach einer Stunde bereits begehbar ist. Das sollte den umweltbewussten Verbraucher stutzig machen. Öle benötigen mehrere Stunden bis Tage, um zu trocknen und die sollten Sie auch einplanen. Einem Öl, das so schnell trocknet, müssen große Mengen an evtl. gesundheitsschädlichen Trockenstoffen beigemischt sein. Ein reines Ölgemisch kann so eine schnelle Trocknung einfach nicht bieten. Ob diese Super Rapid Produkte noch zu den natürlichen Ölen zu rechnen sind, darf bezweifelt werden.

Viele Hersteller sind bemüht, Verbrauchertipps und Anwendungsbeispiele zu ihren Produkten zu liefern. In der Regel werden dann Oberflächenmittelproben und -farbtöne auf furnierten Sperrholzplättchen präsentiert. Da Holzwerker aber in der Regel mit Massivholz arbeiten und vielleicht auch wissen, dass Aufnahme und Farbgebung eines Mittels stark von seiner Holzstruktur abhängig ist, sind diese Muster nur bedingt hilfreich.

Andere Hersteller wiederum präsentieren ihre Farbmuster zwar auf dem empfohlenen Massivholz, für das die Mittel bestimmt sind, aber bei der Demonstration, wie jeweils rohes bzw. behandeltes Holz aussieht, stellen sie in der Struktur so stark voneinander abweichende Holzbrettchen zusammen, dass eine Vergleichbarkeit nicht wirklich gegeben ist. Eine solche Präsentation wäre für den Verbraucher nur dann eine Hilfe, wenn die Muster vor und nach der Behandlung wirklich aus demselben Holzstück gefertigt sind.

Dass viele Holzwerker heutzutage so gerne mit Leimholzplatten arbeiten, weil ihnen damit fast jede Massivholzsorte in gewünschter Stärke zur Verfügung steht, scheint sich zu den Oberflächenmittelherstellern noch nicht herumgesprochen zu haben. Die Maserung der einzelnen Leisten dieser Leimholzplatten weichen so stark voneinander ab, wie sie in einem von einem Tischler verleimten Brett aus einer einzigen Bohle nie zu finden wären. Die Folge ist eine wesentlich unruhigere Oberfläche. Dem sollten Hersteller Rechnung tragen und auf die Wirkung eines Produktes auf verschiedenen Untergründen hinweisen. Um Verbrauchern wirklich hilfreiche Anleitungen zu geben, sollten sie sich mehr an den bei den Holzwerkern wirklich verwendeten Holzwerkstoffen orientieren und ihre Farbmuster dementsprechend präsentieren.

Praxistipp

Um unliebsame Überraschungen zu vermeiden, bevorzugen Sie Firmen, die auf dem Label Angaben über Inhaltsstoffe, eindeutige Verarbeitungsempfehlungen und Verträglichkeit mit anderen Mitteln machen. Seriöse Firmen helfen Ihnen auch gerne mit dem Sicherheitsdatenblatt ihrer Produkte weiter.

Dieses „Douglasien-Öl" ist bereits nach einer Stunde Einwirkzeit begehbar, was nicht der Eigenschaft eines natürlichen Öls entspricht.

Viele Oberflächenmittel werden mit Symbolen und klangvollen Adjektiven beschrieben. Wenn sie nicht nach EN-DIN-Normen geprüft sind, sind diese Eigenschaften nicht klassifiziert und mit anderen Produkten vergleichbar.

Jeder Hersteller erfindet seine eigenen Produktbeschreibungen und Symbole.

Ich möchte auch auf die vielfältigen Bezeichnungen und verwirrenden Symbole auf den Packungsgebinden eingehen. Dabei geht es den Herstellern darum, Zweifel der Verbraucher an der Unbedenklichkeit eines Produktes zu zerstreuen. Wortschöpfungen wie „wohngesund“ und „geruchsmild“ klingen dabei zwar sympathisch, sagen aber nichts über die Einordnung in etwaige Gefärdungsklassen bzw. wie man neuerdings sagt: Gebrauchsklassen aus. Nur die Prüfung nach europäischen DIN Normen bescheinigt, welche „Gefahren“ von einem Produkt ausgehen könnten. DIN bedeutet deutsche Industrienorm, DIN EN ist die europäische Norm.

Wenn ein Oberflächenmittel beispielsweise als „speichel- und schweißecht“ bezeichnet wird, ist es nach der DIN EN 71-3 geprüft worden, die davon ausgeht, dass Kleinkinder an Holzteilen lecken und nagen. Dadurch könnten evtl. schädigende Substanzen in den kleinen Organismus gelangen. Dabei legt die DIN EN 71-3 Grenzwerte für bestimmte Giftstoffe wie Arsen, Antimon,

Gut zu wissen

DIN-Normen überprüfen Produkte nach Grenzwerten ganz bestimmter, gelisteter Substanzen. Falls andere evtl. schädigende Inhaltsstoffe enthalten sind, werden diese bei der Prüfung nicht berücksichtigt.

Speichel- und schweißecht ist ein Produkt nur , wenn es die Prüfung nach der DIN EN 71,3 bestanden hat.

Gut erkennbar für den Verbraucher ist es, wenn die Prüfnormen direkt auf dem Etikett vermerkt sind.

Viele Hersteller präsentieren ihre Farbmuster auf furnierten Sperrholzstückchen. In der Regel arbeiten Holzwerker aber eher mit Massivholz.

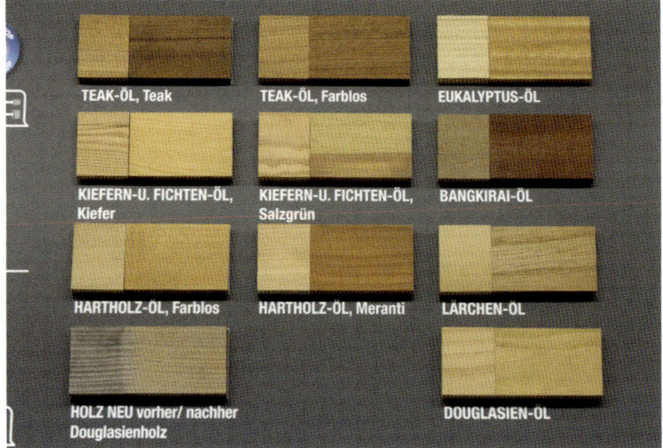

Es hilft dem Verbraucher wenig, wenn Oberflächenmuster, die Holz vor und nach einer Behandlung zeigen sollen auf strukturell ganz unterschiedlichen Holzstückchen präsentiert werden. Nur beim Muster unten links lässt sich der vorher/nachher Effekt wirklich beurteilen, da es aus einem Holzstück gefertigt ist.

Barium, Blei, Cadmium, Chrom, Quecksilber und Selen fest, die in dem geprüften Produkt nicht überschritten werden dürfen. Das heisst aber auch, dass DIN Normen nie eine völlige Unschädlichkeit belegen können.

Wo es möglich ist, rate ich, Holz zu bevorzugen, das mit dem FSC Siegel ausgezeichnet ist. FSC® steht für „Forest Stewardship Council®" und ist ein internationales Zertifizierungssystem für Waldwirtschaft. Zehn weltweit gültige Prinzipien garantieren, dass Holz- und Papierprodukte mit dem FSC-Siegel aus verantwortungsvoll bewirtschafteten Wäldern stammen. Das bedeutet, dass die ökologischen Funktionen eines Waldes bei der Bewirtschaftung erhalten bleiben müssen, denn er schützt vom Aussterben bedrohte Tier- und Pflanzenarten und sichert die Rechte der Ureinwohner und der Arbeitnehmer. Die Vorstellung, ein FSC-zertifizierter Wald sei völlig unberührte Natur, trifft jedoch nicht zu. Es ist Wald, der bewirtschaftet wird, dies aber unter strengen Prinzipien und Kriterien, die den Wald als Ökosystem langfristig erhalten können.

Heute ist der FSC Standard in über 80 Ländern vertreten.

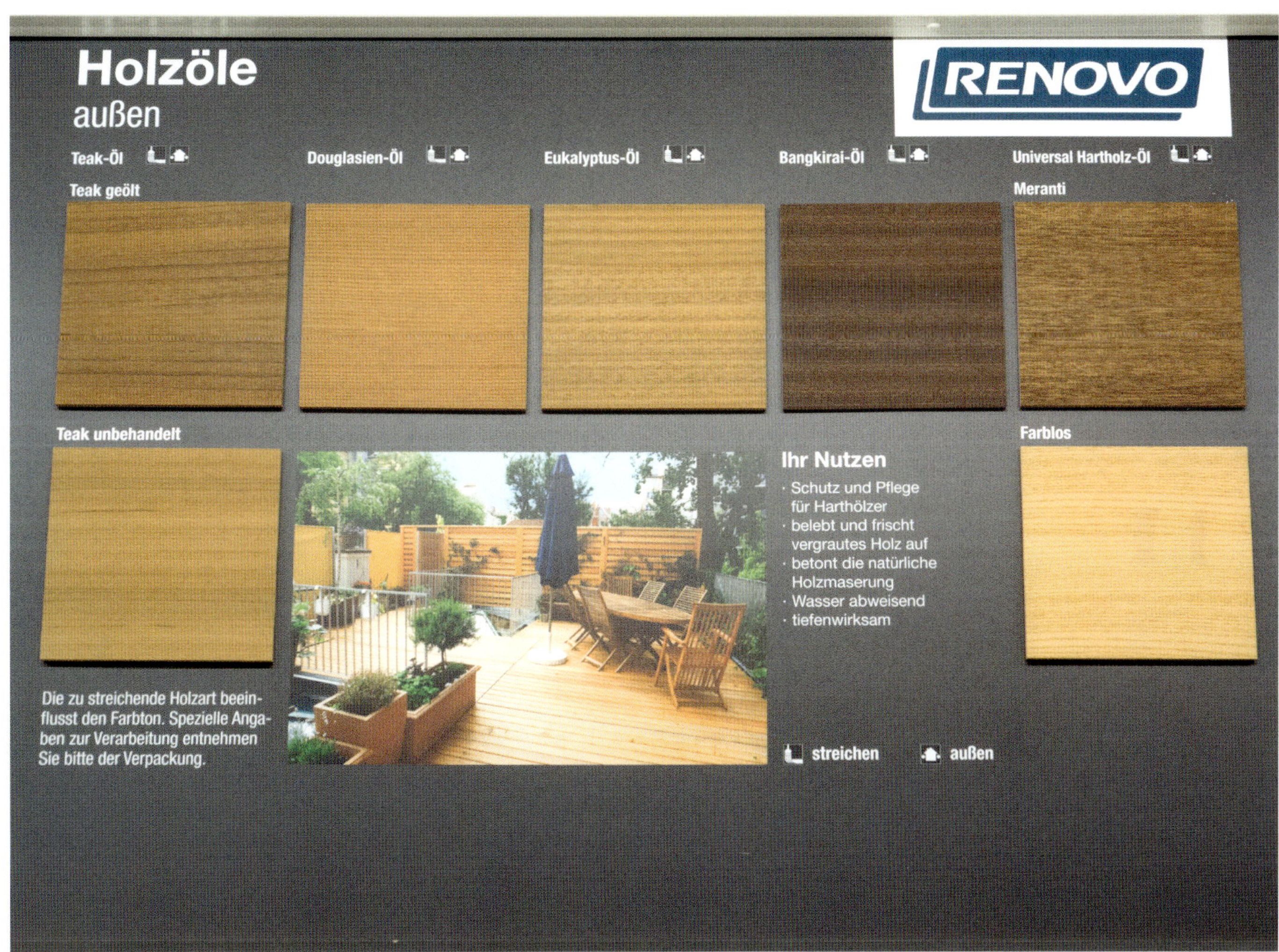

Im Außenbereich wird in der Regel nur Massivholz und kein furniertes Sperrholz verarbeitet. Dennoch demonstrieren diese Muster ganz gut die jeweiligen Farbeffekte, da Tropenholz als Furnier und Massivholz sich strukturell ähnlicher ist als unsere einheimischen Hölzer.

Kapitel 3

Schleifen

Warum wird geschliffen?

Holz wird einerseits geschliffen, um eine glatte Holzoberfläche zu erhalten, die gleichmäßiger wirkt, sich angenehmer anfühlt und besser sauber zu halten ist als raues Holz. Schleifen ist in den meisten Fällen auch die beste Vorbereitung für eine perfekte und haltbare Oberflächenbehandlung. Das gilt vor allem dann, wenn Holz zuerst gebeizt und dann mit Lack überzogen werden soll. Und um alte, schadhafte Oberflächenmittel zu entfernen, ist Schleifen meist wirkungsvoller als andere Methoden.

Andererseits raut man aber auch glatte, bereits behandelte Flächen durch feines Schleifen geringfügig auf, so dass die nächste Oberflächenmittelschicht besser haftet und einzieht.

Schleifpapier in handlichen Stücken und Schleifkork bringen Holz in Form.

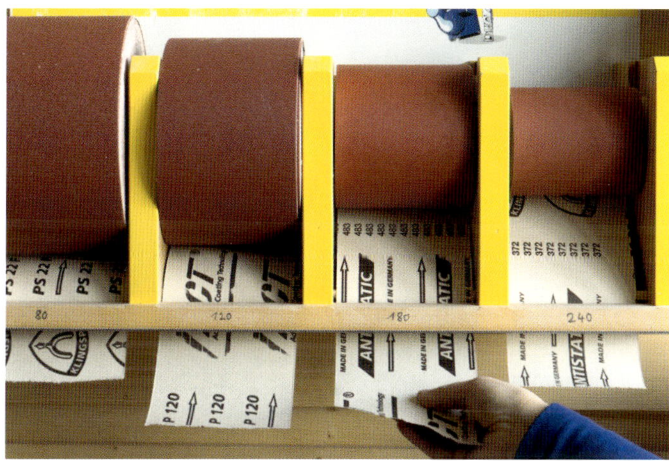

So übersichtlich geordnet, fällt die Wahl des richtigen Schleifpapiers nicht schwer.

Diese Exzenterschleifmaschinen und ihre Schleifmittel sind immer griffbereit.

Seit wann wird geschliffen?

Schleifen ist eine der ältesten Bearbeitungsmethoden der Menschheit. Bereits in der Steinzeit wurde mit Steinstaub geschliffen, der mithilfe von Holz oder Lederhäuten am Werkstück gerieben wurde. Und die alten Ägypter benutzten Schachtelhalm zum Glätten von Holz. In späteren Jahrhunderten entdeckte man die schleifende Wirkung von Bimsmehl, Bimsstein und Sand. Das Schleifen wurde, wie alle technischen Vorgänge, ständig weiterentwickelt und verbessert. 1926 kam das erste Nassschleifpapier auf den Markt, das heute noch, vor allem bei der Metallbearbeitung, Verwendung findet. Holz schleift man aber in der Regel besser trocken, d. h. ohne Zuhilfenahme von Wasser, da sonst das Schleifpapier schnell zusetzt.

Im Volksmund spricht man auch von „Schmirgelpapier", wobei es sich bei dem Begriff Schmirgel um eine kaum mehr verwendete Mischung aus natürlichem Korund, Magnetit, Hämatit und Quarz handelt. Auf Papier geleimt hat es eine gute Schleifwirkung. In der heutigen Zeit sind Schleifpapier oder Schleifvlies zu Hightechprodukten weiterentwickelt worden, die mit dem guten alten Schmirgelpapier von früher zwar noch viel Ähnlichkeit haben, sich aber in Qualität und Herstellungsverfahren stark unterscheiden.

Was ist Schleifen?

Schleifpapier reißt kleine Holzstückchen aus der obersten Holzschicht, es schneidet nicht wie ein Hobel. Bei jedem Schleifvorgang werden diejenigen Holzfasern, die erfasst werden, abgerissen und nur zu einem geringeren Teil wieder ins Holz zurück gedrückt. Jede Bewegung mit Schleifpapier trägt einen gewissen Teil der obersten Holzschicht ab und ebnet, wie eine Raspel, größere und kleinere Unebenheiten ein. Dieser Vorgang erzeugt immer Riefen und Kratzer im Holz, die je nach Körnungsgrad des Schleifpapiers, gröber oder schwächer ausfallen. Was auf den ersten Blick nach einem Schliff wie eine glatte Holzoberfläche wirkt, ist daher unter dem Mikroskop wild zerklüftet.

Gut zu wissen

Schleifen reißt die oberste Holzschicht ab und ebnet sie damit ein, dabei entsteht Schleifstaub. Hobeln schneidet die oberste Holzschicht ab, in Form von Hobelspänen.

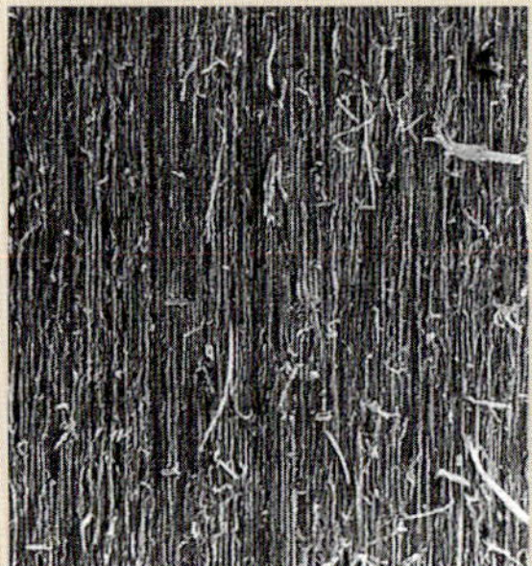
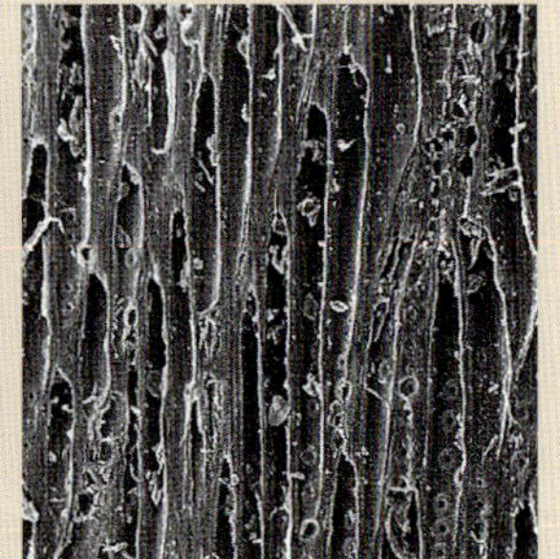

Das Mikroskop macht die Unterschiede zwischen einer geschliffenen (links) und einer gehobelten (rechts) Holzoberfläche besonders deutlich.

Bei Exzenterschleifmaschinen machen sich Schleifspuren als ringförmige Kratzer bemerkbar. Je feiner das gewählte Schleifpapier bzw. die Körnung ist, umso zarter sind auch die Spuren, die es auf der Holzoberfläche hinterlässt. Die beim Schleifvorgang abgerissenen Fasern sind so mikroskopisch klein und kurz, dass man sie nur als Staub wahrnehmen kann. Um eine wirklich gleichmäßige Holzfläche zu erhalten, die sich gut oberflächenbehandeln lässt, sollten mehrere Schleifgänge von gröberem bis zu feinem Schleifpapier durchgeführt werden.

Was ist besser: Schleifen oder Hobeln?

Beide Bearbeitungstechniken glätten Holz und bereiten es für die Oberflächenbehandlung vor.

Dabei hat eine von Hand gehobelte Oberfläche einen Glanz, den man durch Schleifen schwer erzeugen kann. Ein Hobelmesser schneidet Holz glatt in Spänen ab, was die Holzfasern zum Glänzen bringt. Von Vorteil ist, dass hobeln von Hand keinen lästigen Staub verursacht, der abgesaugt werden muss. Andererseits will das Schärfen von Hobeleisen gelernt sein und der Vorgang des Hobelns erst recht. Eine Fläche ohne sichtbaren Ansatz sauber zu „putzen“ (wie der Schreiner sagt) ist eine Kunst, die auch nicht jeder Profi beherrscht. Und einen gravierenden Nachteil hat eine gehobelte Fläche außerdem: sie kann sogar zu glatt werden, um Oberflächenmittel gut aufzunehmen.

Schleifen wiederum bedeutet, dass die einzelnen Holzfasern in unterschiedlichen Schnittwinkeln abgetrennt bzw. abgerissen werden, da die ungleichmäßigen Schleifkörner einen unregelmäßigen Schneidvorgang erzeugen. Daher erscheint geschliffenes Holz immer matter als sauber gehobeltes. Die anschließende Oberflächenbehandlung mit Beizen, Lasuren, Ölen oder Lacken gleicht diesen Umstand in der Regel wieder vollständig aus.

Exzenterschleifmaschinen hinterlassen „Kringel“, vor allem wenn die Körnung zu grob gewählt wird.

Dieses Kiefernholzbrett erhält durch die Bearbeitung mit einem Putzhobel einen leichten Glanz.

Ansatzloses Hobeln von Massivholz erfordert einige Übung.

Wem die passenden Schleifmaschinen mit entsprechenden Schleifmitteln zur Verfügung stehen, wird außerdem deutlich weniger Zeit benötigen, durch Schleifen sein Möbel für die Oberflächenbehandlung bereit zu machen, als wenn er es von Hand mit dem Putzhobel bearbeiten würde.

Eine Grundregel gilt immer: Unterschiedlich bearbeitete Holzflächen nehmen Überzugsmittel auch unterschiedlich auf. Jede mechanische Bearbeitung einer Holzoberfläche verändert auch ihre Struktur und damit ihr Aufnahmevermögen. Es ist also nicht ratsam, an ein und demselben Möbel einige Teile zu hobeln, andere dagegen zu schleifen. Flecken und deutliche Farbunterschiede, auch bei farblosen Überzugsmitteln, könnten die Folge sein.

Und unabhängig davon, ob man lieber hobelt oder schleift, wenn eine Holzfläche gebeizt werden soll, sollte sie unbedingt im letzten Vorbereitungsschritt geschliffen werden. Die leicht aufgeraute Holzfläche ist offen, die Holzfasern sind besser vorbereitet für die Aufnahme einer färbenden Beize als gehobelte Fasern.

Außerdem gibt es Hölzer, die nur mit sehr großem Aufwand von Hand gehobelt werden können, vor allem wenn sie dreh- oder wechselwüchsig sind. Hobelmesser reißen die Holzfasern auf, wenn man mit ihnen gegen die Wuchsrichtung des Holzes arbeiten muss. Der Schaden kann dadurch so groß sein, dass sich das auch durch Schleifen nur unter großem Aufwand beheben lässt. Für Schleifmaschinen stellt dagegen der unregelmäßige Wuchs mancher Holzsorten kein Problem dar.

Gut zu wissen

Hobeln erzeugt einen schöneren Glanz auf der Holzoberfläche. Es ist aber technisch anspruchsvoll und nicht bei allen Holzsorten als Vorbereitung zur Oberflächenbehandlung geeignet.

Schleifen macht das Holz matter, was durch die anschließende Oberflächenbehandlung wieder ausgeglichen werden kann. Außerdem ist es, wenn man sich an die empfohlenen Arbeitsabläufe hält, einfacher zu lernen und sicherer im Ergebnis.

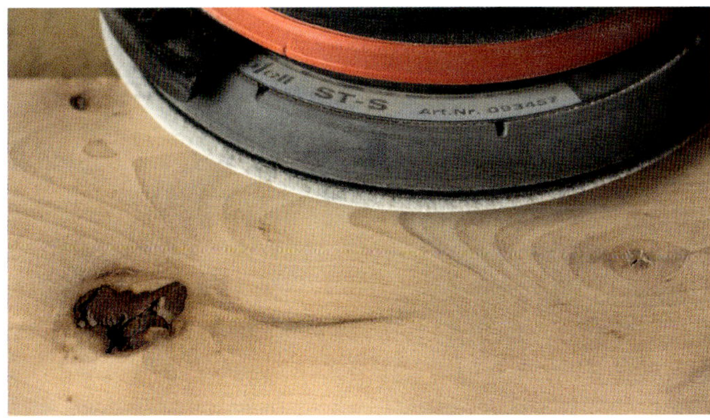

Mit einer Exzenterschleifmaschine geschliffen, sind die Einrisse bald verschwunden. Aber Vorsicht: Schleifkringel können die Folge sein!

Um Äste herum ändert sich die Wuchsrichtung von Holz, Hobeln gegen die Faser reißt es auf.

Wässern roher Holzoberflächen bringt evtl. Unregelmäßigkeiten ans Licht und richtet die Holzfasern wieder auf.

Wie sind Schleifpapiere aufgebaut?

Das Trägermaterial zugeschnittener Schleifpapiere und -scheiben ist in der Regel Papier. Darauf sind mit einem Bindemittel die Schleifkörner fixiert. Diese Bindung hat die Aufgabe, die einzelnen Körner so lange festzuhalten, bis sie stumpf geworden sind. Die Qualität des Bindemittels, das die scharfen Schleifkörner auf dem Papier hält, variiert stark. Billige Schleifpapiere können trotz guter Kornqualität eine so schlechte Bindung haben, dass viele Körner beim ersten Schleifversuch einfach abfallen.

Je härter und schärfer die aufgeleimten Schleifkörner sind, umso besser schleifen sie. Synthetische, also künstlich hergestellte Schleifkörner aus Aluminiumoxid oder Siliziumkarbid sind besonders stabil. Sie halten länger, sind härter und schärfer als ihre natürlichen Vorgänger wie Quarzsand, Flint, Schmirgel oder Naturkorund. Siliziumkarbid ist von Natur aus schwarz. Die meisten damit bestreuten Schleifpapiere sind entweder schwarz oder grün und werden besonders für den Lackzwischenschliff empfohlen.

Synthetisches Korund, bzw. Aluminiumoxid ist von Natur aus rotbraun, Schleifpapier mit diesem Schleifmittel ist in der Regel genauso eingefärbt. Es gehört zu den günstigeren Schleifmitteln und eignet sich besonders für den Schliff von unbehandeltem Hart- und Weichholz.

Es ist aber auch technisch möglich, Schleifpapier in jeder beliebigen Farbe einzufärben, was Hersteller als Unterscheidungsmerkmal zu anderen Firmen gerne tun.

Praxistipp

Achten Sie beim Kauf auf Qualität: Die Schleifkörner dürfen sich nicht lösen, wenn man das Papier hin und her bewegt. Schleifpapier sollte sich scharf und griffig anfühlen und biegsam sein.

Was ist mit der Streuung gemeint?

Man unterscheidet Schleifpapiere nach der Streuung ihrer Schleifkörner. Diese kann offen oder geschlossen sein mit sämtlichen Übergangsstufen dazwischen.

- Eine **geschlossene** Streuung bedeutet geringe, gleichmäßige Abstände zwischen den Schleifkörnern. Sie hat den Vorteil, das die Rauhtiefe des einzelnen Schleifkorns geringer ist. Rauhtiefe ist der Fachbegriff für die Schleifriefe, die ein einzelnes Korn erzeugt. Wenn also die Körner dichter beieinander liegen, kann das einzelne Korn nicht so tief kratzen. Von Nachteil ist, dass sich Schleifstaub bei geschlossener Streuung nicht gut abtransportieren bzw. absaugen lässt. Solche Schleifpapiere setzen sich, je nach geschliffenem Material, schneller zu als die mit offener Streuung. Schleifpapier, dessen Streuung nicht explizit genannt ist, ist in der Regel eher geschlossen gestreut. Empfohlen wird es vor allem für den Schliff von Hartholz und Furnieren.
- Eine **offene** Streuung bezeichnet größere Abstände zwischen den einzelnen Schleifkörnern. Sie bewirkt, dass Schleifstaub leichter dazwischen herausfällt und besser abtransportiert bzw. abgesaugt werden kann. Schleifpapiere mit offener Streuung nutzen sich nicht so schnell ab, man spricht von einer längeren Standzeit. Vor allem Weichhölzer wie massive Fichte- bzw. Kiefer, lassen sich effektiver mit der offenen Streuung bearbeiten.

Gut zu wissen

Schleifpapier mit offener Streuung eignet sich eher für massives Weichholz im Grobschliff. Schleifpapier mit geschlossener Streuung sollte man für Hartholz und Furnier verwenden, vor allem beim Feinschliff. Für den Zwischenschliff beim Lackieren eignet sich nur die geschlossene Streuung, die offene reißt tiefere Riefen in die Oberfläche.

Schleifpapiere in unterschiedlichen Farben: Gelb weist auf Schleifkörner aus synthetischem Siliziumkarbid und rotbraun auf synthetisches Korund hin. Beim Blatt rechts im Bild handelt es sich um Schleifleinen.
Schleifleinen ist besonders flexibel und wasserfest und in erster Linie für die Bearbeitung von Metall vorgesehen.

Das orange Schleifpapier ist eher geschlossen, das untere offen und unregelmäßig mit Schleifkörnern bestreut.

Das „P“ verdeutlicht, dass es sich um genormtes Schleifpapier handelt, die Zahl 120 sagt etwas über die Schleifkorngröße aus. Die Pfeile spielen nur bei überlappt verklebtem Schleifrollen für Maschinen eine wichtige Rolle. Bei Handschleifpapier wie diesem kann man die Richtungsangabe getrost übersehen.

Was bedeuten die Zahlen und Buchstaben auf Schleifpapierrückseiten?

Auf der Rückseite eines Schleifpapiers wird seine Körnung mit einer Zahl angegeben. Das „P“ davor signalisiert eine einheitliche Korngröße, die von der FEPA, dem Verband der europäischen Schleifmittelhersteller, genormt wurde. Ohne „P“ muss die Korngröße nicht einheitlich sein und das Schleifergebnis kann ungleichmäßig ausfallen.

Bei der Herstellung werden die Schleifkörner mithilfe von Sieben auf das Papier oder andere Trägermaterialien gestreut. Da die Körneranzahl aufgrund der oben genannten offenen bzw. geschlossenen Streuung variert, gibt die Zahl hinter dem „P“ nicht, wie fälschlicherweise oft angenommen, die Körner pro qcm an. Vielmehr richtet sie sich nach der Maschengröße der verwendeten Siebe. So ist die Körnergröße bei Schleifpapieren derselben Körnergröße immer gleich, aber ihre Anzahl pro qcm verändert sich je nach Streuungsart.

Pfeile, die auf die Rückseiten der Schleifpapiere aufgedruckt sind, spielen nur bei geschlossenen Schleifbändern mit einer überlappten Klebeverbindung eine Rolle. Solche Bänder sollten nur in der empfohlenen Richtung auf die Maschine gespannt werden, in der Gegenrichtung angebracht, wäre die Gefahr des Reißens sehr groß.

Für den Holzbereich findet man Schleifpapier angefangen bei Körnung 24, über 40, 60, 80, 100, 120, 150,180, 240. Alles, was feiner ist, ist eigentlich für die Bearbeitung von Metall oder anderen glatten Materialien gedacht.

Welche Schleifmittel sind auf dem Markt?

- **Leinen** oder anderes **textiles Gewebe** ist ein Trägermaterial von besonders großer Stabilität und Flexibilität. Schleifleinen kommt dann zum Einsatz, wenn sich die Schleifbänder, -fächer oder -zylinder beim Schleifvorgang stark drehen und „verbiegen“ müssen. Beispiele sind Bandschleifmaschinen, Schleifzylinder und -fächer.
- **Schleifgitter** ist eine Neuentwicklung der letzten Jahre. Man findet es auch unter dem Namen Abranet®. Dieses Gewebe in Gitterstruktur ist rundherum mit Schleifkörnern belegt und wurde speziell für das Schleifen von Lacken, Kunststoffen, weichem Aluminium, Weichholz etc. entwickelt. Durch die zahlreichen Löcher wird eine optimale Staubabsaugung gewährleistet und eine höhere Standzeit erreicht. Die Kosten sind relativ hoch, amortisieren sich durch die längere Gebrauchsdauer aber bald.
- **Schleifschwämme** aus Kunststoff sind an den 4 Längsseiten mit Schleifkörnern beklebt. Sie sind flexibel und passen sich dadurch jedem Untergrund leicht an. Durch die grobe Körnung sind sie für eine Vielzahl von Schleifarbeiten bestens geeignet und sowohl nass als auch trocken einsetzbar.
- **Schleifvlies** ist ein synthetischen Faservlies mit dreidimensional eingearbeiteten Schleifkörnern. Es besteht durch und durch aus schleifendem Material. Grobes Schleifvlies säubert und entfernt alte Oberflächenbeschichtung, feines Vlies ebnet geölte und polierte Flächen ein. Auf Grund seiner flexiblen Struktur passt es sich allen Untergründen an und ist trocken und nass

verwendbar. Beim Schliff geölter Oberflächen setzt es sich nur geringfügig zu. Die Körnungen und Farben von Schleifvliesen sind leider nicht genormt, auch die jeweiligen Buchstaben vor der Körnungsangabe variieren von Hersteller zu Hersteller. Lediglich weißes oder beiges Schleifpad scheint einheitlich das Vlies ohne Schleifkörner zu sein, das zum Polieren und Einmassieren von Ölen verwendet werden kann. Vergleichbar sind die Angaben zur Feinheit eher mit Stahlwolle als mit Schleifpapier. Sie reichen bei einer Firma beispielsweise von A 80 bis S 1500 und werden als „sehr grob" bis „microfein" bezeichnet. Die gröberen Körnungen sind für die Beseitigung von Schmutz, altem Lack etc. geeignet. Feineres Schleifvlies glättet Grundierungen, Öl und Lack und setzt sich auch bei der Bearbeitung von ölhaltigen Massivhölzern nicht zu.

- **Stahlwolle** als Schleifmittel wird immer mehr von Schleifvlies verdrängt. Das liegt daran, dass dieses zwar preislich sehr günstige Schleifmaterial leider ein paar negative Eigenschaften besitzt: Stahlwolle kann, da sie aufgrund ihres Metallgehaltes mit der Gerbsäure in einigen Hölzern (z. B. Eiche) reagiert, zu dunklen Flecken und Verfärbungen führen. Außerdem zerfällt sie beim Schleifen und ihre Reste lassen sich nur schwer entfernen.

Schleifvliese werden in vielen nicht genormten Farben für den Maschinen- und Handeinsatz angeboten. Es handelt sich dabei um ein synthetisches Fasermaterial, das durch und durch schleift und sich kaum zusetzt.

Praxistipp

Verwenden Sie am besten Schleifvliese von Firmen, die ihre Körnung angeben, um Schleiffehler zu vermeiden!

Abranet ist ein Schleifgitter aus Kunststoff, das sich kaum zusetzt und eine hohe Standzeit hat.

Stahlwolle ist ein traditionelles und günstiges Schleifmittel. Vorsicht ist geboten, da es in Verbindung mit gerbsäurehaltigem Holz (hier Teak) und Wasser schwarze Flecken (Rost) verursachen kann.

Welche Handschleifgeräte gibt es?

- **Schleifkork** ist das traditionelle Handschleifmittel zum Schleifen ebener Flächen und Kanten. Dazu werden der Boden und die Seiten des Korkklotzes mit Schleifpapier „ummantelt“, es entsteht eine plane Unterseite, die Ungleichmäßigkeiten mit gleichmäßigem Druck einebnet.
- **Handblöcke** sind Schleifklötze aus Kunststoff, auf denen zugeschnittene Schleifpapiere haften.
- **Holzklötze** sind aufgrund ihrer mangelnden Nachgiebigkeit zum Schleifen ungeeignet, da sich das Schleifpapier bei jeder Schleifbewegung aufheizt, dadurch zusetzt und schneller abnutzt.
- **Filzschleifklötze** mit und ohne Vliesauflage sind zum Glätten und Polieren gedacht.
- **Handschleifteller** sind entweder aus festem Kunstoff oder aus flexiblem Moosgummi mit Klettbelag, auf den die Schleifscheiben aus Papier oder Gewebe geheftet werden. Mit einer Schlaufe fixiert kann man damit besonders bequem und effektiv Profile Innen- und Außenrundungen z. B. Handläufe oder sonstige Rundungen schleifen.
- Auch ganz **ohne Schleifgeräte** lassen sich vor allem unebene und gewölbte Flächen bearbeiten. Ich empfehle, dazu ein Stück festes Schleifpapier dreifach zu falten. Durch die Reibung haftet es gut an der schleifenden Hand und muss nicht umständlich festgehalten werden.

Klettverbindungen ermöglichen einen einfachen Wechsel vom Schleifpapier und halten es sicher an seinem Platz.

Exzenterschleifmaschinen sind vielseitig einsetzbar, eine Staubabsaugung sollte aber nicht fehlen.

Ein Getriebeexzenterschleifer ermöglicht die Wahl zwischen zwei Betriebsarten. Im Feinschliffmodus arbeitet er wie andere Exzenterschleifer, im Grobschliff erhöht sich seine Abtragsleistung ganz erheblich.

Welche Schleifmaschinen eignen sich für welchen Zweck?

Die universelle Schleifmaschine, die alle Schleifarbeiten erledigt, gibt es nicht. Die meisten sind für bestimmte Schleifarbeiten besser geeignet als für andere.

- **Exzenterschleifer** sind vielseitig einsetzbar, sie tragen Holz in einer exzentrischen Bewegung mit einem Hub von 2–5 mm ab. Das bedeutet, dass sich der Schleifteller um 2–5 mm außerhalb seines Radius dreht. Exzenterschleifer mit großem Hub tragen mehr ab und erzeugen unabhängig von der Feinheit des verwendeten Schleifpapiers ein gröberes Schleifbild. Geringer Hub trägt weniger ab und erzeugt somit ein feineres Schleifbild. Dazugehörige Schleifteller werden in unterschiedlichen Härtegraden angeboten. Für den Vor- und Feinschliff von Holzflächen empfiehlt sich der Einsatz eines weichen Schleiftellers, der auch gut gewölbte Flächen bearbeitet. Es gibt handliche Exzenterschleifer mit 125 mm Durchmesser großen Schleiftellern, die aufgrund ihres geringen Gewichtes mit einer Hand und an senkrechten Flächen bedient werden können. Allerdings ist ihr Schleifhub ist mit 2 mm relativ gering. Leistungsstärker und mit 3–5 mm Hub ausgestattet sind die Maschinen mit einem 150 mm großen Schleifteller. Alle Exzenterschleifmaschinen verursachen kreisförmige Schleifspuren.
- **Getriebeexzenterschleifer** sind eine Weiterentwicklung, die dem Holzwerker die Wahl zwischen zwei unterschiedlichen Schleifbewegungen lassen. Für einen gröberen Schliff mit großem Hub lässt sich zur Exzenterbewegung eine starke Rotation dazuschalten. Zum Polieren und für den Feinschliff wählt man besser die reine Exzenterbewegung. Beide Schleifarten hinterlassen kreisförmige Spuren.
- **Bandschleifer** tragen besonders viel Material ab und eignen sich daher für das Entfernen alter Lack- und Farbschichten. Zum Planschleifen und Vorschliff von Massivholz können sie mit einem Schleifrahmen ergänzt werden, der die Maschine ganz plan auf der Fläche liegen lässt. Es entstehen lineare Schleifspuren.
- **Schwingschleifer** sind in der Regel Leichtgewichte, die gut an senkrechten Flächen und über Kopf arbeiten. Die rechteckige Schleifsohle ermöglicht den Schliff bis tief in Ecken hinein. Austauschbare Sohlen in unterschiedlichen Härtegraden bieten zusätzliche Einsatzmöglichkeiten, z. B. für den Lackzwischenschliff. Wenn Schwingschleifer mit einem Getriebe ausgestattet sind, haben sie einen höheren Materialabtrag als Exemplare mit einem einfachen Antrieb. Die Schleifplatte eines Schwingschleifers ist zwar rechteckig, er schwingt aber kreisförmig und hinterlässt daher auch solche Schleifspuren.
- **Delta- und Dreieckschleifer** stellen die ideale Ergänzung zu Exzenterschleifern dar. Ecken zu schleifen ist für diese Geräte kein Problem. Die Schleifteller können gegen vielfältige Schleifzungen ausgetauscht werden, was seine Einsatzmöglichkeiten enorm erweitert.

Schwingschleifer gibt es in der großen, schweren Ausführung für den Flächenschliff.

Ein kleiner Schwingschleifer kann gut als Einhandmaschine an senkrechten Flächen oder über Kopf eingesetzt werden.

Dreieckschleifer bieten den Vorteil, tief in Ecken und schmalen Zwischenräumen schleifen zu können.

Ein Bandschleifer, zusätzlich mit einem Schleifrahmen ausgerüstet, verhindert ein Kippen der Schleiffläche. Für die gleichmäßige Bearbeitung großer Flächen eignet er sich besonders.

Das Schleifband einer stationären Schleifmaschine hilft beim Planschliff.

Praxisteil

Wie schleift man richtig?

Üblicherweise schleift man von grob nach fein, egal ob von Hand oder mit einer Schleifmaschine. Jeder Schleifgang verfeinert und ebnet die bearbeitete Holzfläche ein und beseitigt dabei die Schleifspuren und Riefen des vorherigen gröberen Schleifpapiers, wobei drei Arbeitsschritte meist reichen. Wichtig ist, dabei keine zu großen „Sprünge“ in den Körnungsgraden zu machen, um die entstandenen Schleifspuren auch wirklich zu entfernen

- bei **sägerauem Weichholz** beginnt man mit der Körnung 60 oder 80 Sägespuren oder Hobelschläge einzuebnen. Rationell lässt sich dieser Grobschliff eigentlich nur mit Maschinen bewerkstelligen. Dann schleift man weiter mit Körnung 100 bis 120. Mit der Körnung 150 erfolgt dann der Feinschliff vor der Oberflächenbearbeitung. Es sollten in der Regel diese drei Durchgänge mit immer feinerem Schleifpapier ausreichend sein. Feiner als mit Körnung 150 sollte meiner Meinung nach unbehandeltes Weichholz vor der Oberflächenbehandlung nicht geschliffen sein, die Holzporen könnten sich mit dem sehr feinen Schleifstaub zusetzen und die Oberflächenmittelaufnahme erschweren. Je nach Oberflächenbehandlung erfolgt nun der Arbeitsgang des Wässerns (siehe Seite 49).
- Fertig zugeschnittenes **Weichholz** als **Leimholz-** und **Dreischichtplatten** ist üblicherweise vom Hersteller bereits geschliffen. Es reicht, nach dem Zuschnitt des Möbelstückes und vor der Oberflächenbehandlung, einen Endschliff mit Körnung 100 bis höchstens 150 durchzuführen.
- **Hartholz** sollte grundsätzlich feiner geschliffen werden als Weichholz, da seine Holzstruktur dichter und feiner ist. Sägeraues Hartholz kann bereits ab Körnung 60 eingeebnet werden,

Auf der Seitenwand einer Werkzeugkiste sind deutliche Sägespuren erkennbar, die bei einer anschließenden Oberflächenbehandlung stören würden.

Machbar, aber etwas mühsam ist es, diese Spuren mit einem Schleifkork und -papier in drei Durchgängen von Körnung 80, über 100 bis zu 150 zu entfernen.

Mit einer Exzenterschleifmaschine geht diese Arbeit wesentlich schneller von der Hand. Aber auch hier sollte dies in drei Schritten mit immer feinerem Schleifpapier durchgeführt werden.

bei fertig geschliffenen Leimholz- oder Dreischichtplatten empfehle ich lediglich einen Feinschliff mit Körnung 150, 180 oder höchstens 240 durchzuführen.

- **Furnier** schleift man als Holzwerker am besten von Hand. Die Gefahr des Durchschleifens bei diesem oft nur 0,5 bis 1 mm dünnen Material ist einfach zu groß.
- **Kanten und Profile** weisen oft unschöne Spuren wie Hobelschläge, -ansätze und Kratzer auf. Nur wer eine Schleifmaschine ruhig und gleichmäßig über die dabei vorhandenen schmalen Flächen führen kann, dem sei der Maschinenschliff empfohlen. Sicherer ist es, sich Schleifpapier passend zu den Profilen zu falten und diese dann in 2–3 Stufen mit immer feinerem Schleifpapier zu bearbeiten.
- **Ecken** in Flächen schleift man besonders effektiv mit Dreiecksschleifern, die auch für den Handgebrauch im Handel erhältlich sind.

Gut zu wissen

Schleifen Sie von Hand möglichst immer in Faserrichtung. Vor allem der End- oder Feinschliff sollte immer in Faserrichtung verlaufen und alle vorherigen Schleifspuren beseitigen.

Praxistipp

Nur in Ausnahmefällen darf quer zur Faser geschliffen werden, z. B. um Leimspuren in Ecken zu entfernen. Am besten geschieht das mit leicht aufgestelltem dreifach gefalteten Schleifpapier, das wirklich nur die Leimflecken im Eck erfasst.

Handelsübliches Messerfurnier ist maximal 1 mm dick und mit Schleifmaschinen, vor allem an den Kanten, blitzschnell weggeschliffen.

Schleifen quer zur Faser sollte man vermeiden. Hier beim Beseitigen von Leimspuren ist es nur dann sinnvoll, wenn man ein steifes Schleifpapier aufkantet und damit wirklich nur die Ecke bearbeitet.

Die Kanten dieser Werkzeugkiste aus Kiefernholz sind nur maschinell bearbeitet und weisen dementsprechende Spuren auf.

Ein dreifach gefaltetes Schleifpapierstück passt sich der Rundung bestens an. Sie kann effektiv nur längs der Rundung und damit quer zur Faser geschliffen werden. Anschließendes Längsschleifen der Flächen beseitigt evtl. Querschleifspuren.

So „Form-vollendet“ sieht nun die Ecke der Werkzeugkiste aus.

Was versteht man unter *Form vollenden*?

Um ein Möbelstück bereit zur Oberflächenbehandlung zu machen, gehört eine vollendete Form unbedingt dazu. Und mit „vollendet“ ist hier nicht der absolute Superlativ der Formgebung gemeint, sondern das Vollenden vorhandener Strukturen.

Im Baumarkt kaufte ich massive Kästen aus Kiefernholz zur Vervollständigung meiner Werkstattausrüstung. Sie sind unbehandelt und vom Hersteller mit maschinell abgerundeten Kanten ausgestattet. Da es bei so preiswerten „Möbeln“ zu kostspielig wäre, die Form von Herstellerseite von Hand zu vollenden, sind überall dort scharfe Kanten, wo eine maschinelle Bearbeitung nicht möglich bzw. zu aufwendig wäre. Diese gilt es nun in eine geschmeidige Form zu bringen. Am besten geschieht das mit Schleifpapier und Hilfsmitteln, die die Form nachempfinden, wie Schleifklötze für Flächen, Kanten und Rundungen. Eingesägte Rundhölzer, um die sich mehrere Lagen Schleifpapier wickeln lassen passen sich gut der Form von Hohlkehlen und Grifflöchern etc. an.

Erst wenn man bei einem Möbel die maschinell gefrästen Teile nicht mehr als solche erkennen kann, sondern sie von Hand Form-vollendet werden, ist meiner Meinung nach das Stück reif für die Oberflächenbehandlung. In diesem Fall werden die Kästen zweimal mit entsprechendem Zwischenschliff geölt.

Schleifpapier dreifach zu falten, möglichst in der Breite des zu schleifenden Profils, erleichtert den Handschliff ganz erheblich.

Aufgrund seiner Rauigkeit haftet das Schleifpapier ohne umständliches Festhalten an den Fingern, sie passen sich dem Profil optimal an. Bei Abnützung wird das Schleifpapier einfach umgedreht und mit der scharfen Seite weitergearbeitet.

Wann sollte man wässern?

Wässern bedeutet, eine bereits geschliffene Holzfläche mit einem mit Wasser getränkten Schwamm feucht abzureiben. Die Feuchtigkeit lässt die Holzfasern quellen, die beim „reißenden" Schliff ins Holz gedrückt wurden. So angefeuchtet stehen sie wieder auf, was zur Folge hat, dass sich die Fläche sofort rauer anfühlt. Vollständig getrocknet, „köpft" feines frisches Schleifpapier diese Faserspitzen, indem man mit ganz wenig Druck nachschleift. Am besten wählt man dazu eine Körnung, die um die Betrag 60 feiner ist als das Schleifpapier vor dem Wässern. Dieser Arbeitsschritt sollte immer vor einer Behandlung mit einem Wasser basierten Mittel wie Beize oder Wasserlack durchgeführt werden. Es reduziert den Schleifaufwand beim Zwischenschliff erheblich. Ich wässere eigentlich immer möglichst alle Flächen, unabhängig davon, welche Oberflächenbehandlung sie später erhalten. Durch das Abreiben mit Wasser wird einerseits in etwa der Farbton erzeugt, den ein farbloses Überzugsmittel später hinterlässt, andererseits dient es der Fehlerkontrolle: Eventuelle Leimspuren, die sich im trockenen Holz fast nicht bemerkbar machen, werden im feuchten Holz sichtbar und können so vor der Oberflächenbehandlung noch entfernt werden.

Kleine Profile lassen sich am besten mit Schleifpapierröllchen bearbeiten, die durch das Aufwickeln eine gewisse Steifigkeit erhalten und so wie eine Feile arbeiten. Hier ist das Quer-zur-Faser-Schleifen ausdrücklich erlaubt, wenn die Körnung fein genug ist.

Gut zu wissen

Der Arbeitsgang Wässern und Schleifen ist bei wasserbasierten Überzugsmitteln die beste Vorbereitung für ein perfektes Oberflächenergebnis.

Für das Schleifen von Ausschnitten kann man sich ganz einfach ein optimal angepasstes Handschleifgerät bauen: Eine Dübelstange einige cm eingeschnitten, fixiert den Schleifpapierstreifen.

Das Rundholz sollte optimalerweise einige mm dünner sein, als die zu bearbeitende Rundung, damit 2–3 Wicklungen Schleifpapier Platz haben und bei Abnützung entsprechend gekürzt werden können.

Was sollte man beim Maschinenschliff beachten?

Grundsätzlich neigen viele Anwender dazu, beim Schleifen mit Maschinen zuviel Druck auszuüben.

Normalerweise reicht das Eigengewicht einer Maschine aus, um eine Fläche sauber zu schleifen. Die Hände sollten die Maschine nur führen und gelegentlich an hartnäckigen Stellen leichten Druck ausüben. Starker Druck führt zu übermässiger Hitze, die den Kleber der Klettverbindungen des Schleifmittels zum Schmelzen bringen kann. Bei zu hohem Druck werden außerdem nicht nur die abgerissenen Holzfasern wieder in die Oberfläche gedrückt, sondern auch die scharfen Spitzen der Schleifkörner gebrochen. Es findet kein scharfes „Reißen", sondern nur noch ein einfaches Schaben auf der Oberfläche statt, das Schleifpapier setzt sich schneller mit Schleifstaub zu. Zu hoher Druck bremst die Maschine aus, was wiederum den Motor schädigen kann.

Ein weiteres Problem ist, dass Holzwerker meist Schleifpapier zu selten wechseln. Sie sparen damit an der falschen Stelle: Abgenutztes Schleifpapier schadet der späteren Oberflächenbehandlung, weil es ein ungleichmäßiges Schleifbild erzeugt und so Flecken in der Oberflächenbehandlung provoziert.

Praxistipp

Üben Sie möglichst wenig zusätzlichen Druck zum Eigengewicht der Maschine aus und wechseln Sie die Schleifmaterialien häufig.

Wie passen Schleifteller und Schleifmittel zusammen?

Schleifteller und -scheiben bzw. -blätter sollten in der Größe unbedingt zusammenpassen. Ist die Schleifscheibe oder das -blatt zu klein, wird der Schleifteller beschädigt, ist sie zu groß, wird das Werkstück beim Schleifvorgang zerkratzt. Moderne Schleifmaschinen sind mit einem Kletthaftbelag ausgerüstet, auf den sich die passenden Scheiben oder Blätter in Sekundenschnelle aufheften und wechseln lassen. Die Lochung der Scheiben dient der Staubabsaugung und funktioniert nur, wenn sie genau mit den Löchern im Schleifteller übereinstimmt. Besonders praktisch sind Scheiben mit Multilochung, da sie für alle Maschinenfabrikate genutzt werden können. Die kleinen Löcher sind gleichmäßig im Schleifmittel verteilt und sorgen für eine effektive und unkomplizierte Staubabsaugung.

Gitterschleifmittel, sogenanntes Abranet lässt sich üblicherweise direkt auf den Klettbelag von Schleifmaschinen heften. Da dieses moderne Schleifmittel besonders widerstandsfähig und langlebig ist, kann es den Klettbelag der Maschinen vorzeitig abnutzen. Es empfiehlt sich, passende Schutzauflagen zu verwenden, die zwischen Schleifgitter und -teller platziert werden.

Entscheidend für ein gutes Schleifergebnis ist auch die Härte des Schleiftellers. So werden weiche Schleifteller besonders für den Vor-, Fein-, und evtl. Furnierschliff und das Bearbeiten von Kanten empfohlen. Härtere Teller sorgen dagegen für eine besonders plane und gleichmäßige Fläche.

Schleifscheiben mit Multilochung passen auf alle Schleifmaschinen mit derselben Schleiftellergröße.

Gelochtes Schleifpapier sollte unbedingt mit der Lochung der Maschine übereinstimmen, sonst ist jede Absaugung wirkungslos.

Das Gittermaterial Abranet hat eine hohe Standzeit und setzt sich kaum zu. Zum Schutz der Klettverbindung der Maschine sollte eine weiche Schutzauflage dazwischen geklettet werden.

Welche Absaugung?

Bei jedem Schleifvorgang entsteht Schleifstaub, von dem man möglichst wenig einatmen sollte. Er reizt die Atemwege und steht bei manchen Holzsorten sogar im Verdacht, krebserregend zu sein. Davor schützt nur eine effektive Absaugung. Schleifpapiere, deren Staub sofort abgesaugt wird, haben eine längere Standzeit als solche, die ohne Absaugung im Einsatz sind. Bei vielen Schleifmaschinen gehört inzwischen ein Staubauffangsack zur Grundausstattung, der aber eine sehr geringe Saugleistung und somit wenig Nutzen hat. Besser sind externe Absaugungen: Entweder man bedient sich eines Industriestaubsaugers mit entsprechenden Schlauchadaptern oder mobiler Absauggeräte, wie sie von vielen Firmen passend zu ihren Schleifgeräten angeboten werden. Sinnvollerweise sollten diese Geräte über eine Anlaufautomatik verfügen, die beim Einschalten des Schleifgerätes gleichzeitig die Absaugung startet. Um die volle Saugwirkung zu erhalten, sollten bei einer selbstkonstruierten Anlage der Saugschlauch möglichst kurz gehalten und sein Durchmesser zum Sauger hin nicht unnötig verringert werden.

Eine bekannte Schleifmittelfirma hat ein praktisch staubfreies Schleifsystem entwickelt, das auf handelsübliche Winkelschleifer montierbar ist. Die Besonderheit daran ist, dass Schleifstaub direkt am Teller abgesaugt wird und nicht erst durch die Schleifmaschine hindurch geleitet werden muss. Es erfordert allerdings einige Übung, einen Winkelschleifer so ruhig zu führen, dass keine unschönen Vertiefungen durch Verkanten des Schleiftellers entstehen.

Ein mobiles Absaugungsgerät reduziert die Belastung durch Schleifstaub auf ein Minimum. Die Einschaltautomatik sorgt dafür, dass beim Starten der angeschlossenen Schleifmaschine sofort die Absaugung mit in Gang gesetzt wird.

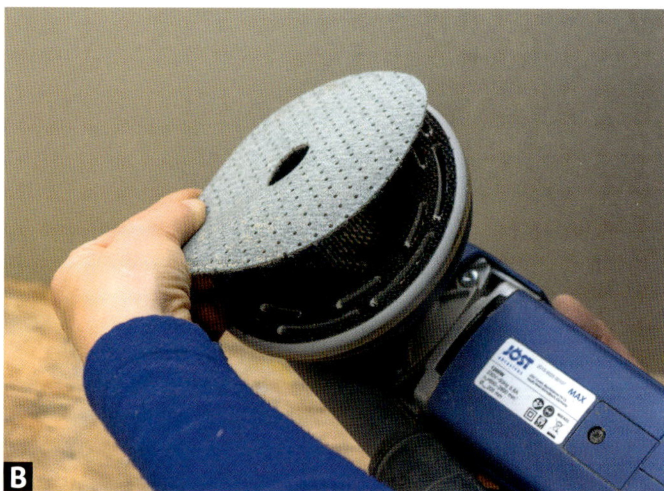

Das Staubfrei-Schleifsystem der Firma Jöst arbeitet mit Multilochpapier.

Das Staubaufkommen um das Werkstück ist bei diesem System besonders gering. Es erfordert jedoch einige Übung, den Winkelschleifer nicht zu verkanten und ruhig über das Werkstück zu führen.

Spezial-Schleifzubehör

Löffelböden kann man mit elastischen Schleiftellern schön glatt schleifen.

Für Schnitzer und Drechsler gibt es vielfältige Hilfsmittel, die sich dem Werkstück optimal anpassen. Hier glättet eine Lamellen Schleifwalze mithilfe eines Akkuschraubers die Unebenheiten der geschnitzten Schüssel.

Auch sogenannte Schleiffächer passen sich Vertiefungen gut an.

Schleifsterne mit kleinerem Radius sind sind zum Schleifen kleinerer Vertiefungen gedacht.

Kapitel 4

Beize

Warum und wann beizen?

Holzbeizen benutzen wir Holzwerker, wenn wir die Farbe von Holz verändern oder eine langweilige Holzfarbe aufpeppen wollen. Die natürliche Färbung von Holz lässt sich durch Beizen verstärken und das Aussehen von altem Holz schon von Anfang an erreichen. Außerdem werden Ungleichmäßigkeiten in der Maserung durch Beizen ausgeglichen.

Bett, Ablage und Regal sollen farblich zusammenpassen. Ausgehend vom warmen Braunton des Nussbaumfurniers des antiken Bettes wurde die ebenfalls antike Ablage aus Buchenholz mit einer traditionellen Wasserbeize (Kasseler Braun) und Hartölwachs behandelt. Das Regal bekam dieselbe Farbkur, der hellere Braunton ist durchaus beabsichtigt und resultiert aus dem hellen, neuen Fichtenholz.

Beim Brettchen hinter der Beiztüte handelt es sich um ein in Wind und Wetter gegerbtes Stück Fichtenholz, das als Beizmuster für das vordere, neue Fichtenbrettchen dient. Mit grauer Wasserbeize und einem späteren Überzug mit rötlichem Wachs wird es auf alt getrimmt.

Früher hat man vor allem dann gebeizt, wenn man schlichtes Holz anspruchsvoller erscheinen lassen wollte. Günstiges Buchenholz beispielsweise, sollte durch eine entsprechende Färbung wie teures Mahagoni- oder Nussbaumholz aussehen.

Heute benutzt man Beizen vor allem auch dann, wenn verschiedene Holzwerkstoffe aneinander angepasst werden sollen. Wenn beispielsweise ein selbst gebautes Möbelstück zur übrigen Einrichtung farblich passen und dabei die Maserung sichtbar bleiben soll, sind Beizen dafür am ehesten geeignet.

Was ist beizen und woher kommt der Begriff?

Der Begriff „beizen", leitet sich von „beißen lassen" ab und entstammt dem Sprachgebrauch der Textilfärberei. Man bereitete früher Stoffe mit laugenden Chemikalien auf die Aufnahme von färbenden Substanzen vor. Die Farbe „beißt" sich im übertragenen Sinne des Wortes in den Stoff. Und da sich auch beim Färben von Holz die Farbe ins Holz beißt, spricht man auch in diesem Fall von Beizen.

Das senkrecht stehende Fichtenbrett ist ca. 100 Jahre alt. Das liegende neue Fichtenbrett altert mithilfe einer Wasserbeizenmischung aus Braun-, Gelb- und Orangetönen ganz auf die Schnelle.

Im wissenschaftlichen Sinn sind Beizen chemische Mittel, die die Färbung des Holzes vorbereiten oder selber zu einer Farbreaktion im Holz führen.

Ammoniakdampf (Salmiakgeist = wässrige Lösung von Ammoniak) beispielsweise reagiert mit der Gerbsäure von Eichenholz und bildet im Oberflächenbereich einen Braunton, der je nach dem Gerbsäuregehalt des Holzes heller oder dunkler ausfällt.

Dieser Effekt lässt sich in ländlicher Umgebung z. B. in einem Pferdestall besonders gut beobachten, wo Ammoniakdämpfe von Tierausscheidungen zur Bräunung der Holzverschläge beitragen, sofern diese aus gerbsäurehaltigen Hölzern gefertigt sind, wie z. B. Eiche , Lärche, Buche etc.

Solche Erfahrungen haben sich die Handwerker vergangener Jahrhunderte zu Nutze gemacht, um mit den entsprechenden chemischen Mitteln, wie Ammoniak, Metallsalzen (z. B. Alaun, Eisensulfat) sowie Gerbsäure Holz farblich zu verändern bzw. zu beizen.

Das Ergebnis sind die heute nur noch selten verarbeiteten sogenannten Zwei-Komponentenbeizen, eingeteilt in Vor- und Nachbeize. Dieses wasserlösliche Positiv-Beizsystem verarbeitet man in zwei Schritten:

1. Komponente: Die farblose Vorbeize = Gerbsäure (Pyrogallol, Brenzkatechin) wird auf das unbehandelte Holz aufgetragen, um das Holz auf eine Reaktion mit der Nachbeize vorzubereiten.

2. Komponente: Die Nachbeize = Metallsalze, alkalisch (Laugen, Basen) z. B. Pottasche, Eisensulfat, etc. in Verbindung mit verdünntem Salmiakgeist, wird auf die mit Gerbsäure vorgestrichenen, abgetrockneten Flächen aufgetragen und verursacht eine chemische Färbungsreaktion. Wenn Säure mit Alkalien auf Holzflächen zusammentrifft, kommt es immer zu einer chemischen Reaktion, einer Braunfärbung.

Heutzutage wird kaum noch mit diesen chemischen Beizen gearbeitet. Es ist nicht mehr wirtschaftlich, in zwei Schritten zu beizen, da nahezu gleiche Beizeffekte mit modernen Färbungsmitteln und Substraten in einem Schritt erzielt werden können.

Zudem sind die Metallsalze der 2. Komponente gesundheitlich nicht unbedenklich und deshalb im Einzelhandel nicht mehr verfügbar.

Das Räuchern wurde später ersetzt durch Räucherbeizen, die durch den Zusatz von Ammoniak einen chemischen Prozess in Gang brachten und Eichenholz auch „geräuchert" aussehen ließen. Da der Geruch von Salmiak so unangenehm, bzw ätzend ist, sind diese Beizen im Handel nicht mehr erhältlich. Geräuchertes Holz, bzw. Furnier kann man dennoch kaufen, es wird unter Luftabschluss den Ammoniakdämpfen ausgesetzt und somit geräuchert. Wenn die Dämpfe verflogen sind, geht von diesem Holz keine gesundheitliche Gefährdung mehr aus.

Räuchern kann man gerbsäurehaltiges Holz selber, indem man es gut abgedeckt über Nacht 10 %igen Ammoniakdämpfen aussetzt. Aber Vorsicht, die Dämpfe sind ätzend!

In einem mit Plastikfolie ausgekleideten und dicht verschlossenen Karton kann man kleine Holzteile selber räuchern.

Das Beizergebnis muss nicht einheitlich werden und lässt sich schwer einschätzen aufgrund des unterschiedlichen Gerbsäuregehaltes der verschiedenen Holzstreifen. Das rechte Eichenbrett ist völlig unbehandelt, aber geschliffen und sieht daher viel heller und eher grau aus.

Wie funktionieren Beizen heute?

Ganz anders, aber ebenso als Beizen bezeichnet, funktionieren die meisten der heutigen Beizen: Die färbenden Substanzen sind Farbstoffe und mikronisierte Pigmente, die in Wasser, Alkohol oder entsprechenden Verdünnungen aufgelöst werden. Die gebeizten, gefärbten Holzporen bleiben offen und die Maserung weiterhin gut sichtbar. Je nach Beizsorte kann dadurch die Maserung betont, bzw. abgeschwächt werden. Beizen liegen in der Regel nicht als Film oder Schicht auf dem Holz wie beispielsweise ein Lack oder eine Lasur. Sie dringen dennoch sehr wenig, in My-Bereichen (einige 1000stel mm) ins Holz ein.

Was färbt denn da so schön?

Um besser verständlich zu machen, was die Färbung auf Holz verursacht, soll noch auf die historische Bedeutung der färbenden Substanzen eingegangen werden.

Mit Beizen kann man Holz einen ganz anderen Charakter geben, der elegant oder rustikal, kräftig oder vornehm blass, antik oder modisch bunt etc. sein kann.

Aus diesen Schnecken wird der teure Farbstoff Purpur gewonnen.

Farbstoffe

Natürliche Farbstoffe werden, bzw. wurden aus Pflanzen und Tieren gewonnen. Sie bestehen aus besonders feinen Teilchen, die sich völlig in ihrem Lösungsmittel (Wasser, Alkohol und sonstigen Lösemitteln) auflösen.

Pflanzliche und tierische Farbstoffe alleine auf Holz haben keine lichtschützende Wirkung, sie verblassen und zersetzen sich vor allem unter Einwirkung der UV-Strahlung des Sonnenlichts, seltener durch Luft und Mikroorganismen.

Mit der Entdeckung der neuen Welt kam auch das Wissen um die färbende Wirkung mancher Holzsorten nach Europa: Blau-, Rot- und Gelbholz und deren Farbstoffe wurden (und werden heute noch vereinzelt) in der Textil- und Lederfärberei genutzt, ferner für Haar- und Papierfärbung.

Der teuerste Farbstoff aller Zeiten war und ist der echte Purpur. Er wird aus Purpurschnecken des Mittelmeers gewonnen. Für ein Gramm des Farbstoffes werden rund 8.000 Schnecken benötigt. Deswegen war im alten Rom dem Kaiser die Farbe Purpur vorbehalten und rot gefärbte Kleidungsstücke wurden mit Gold aufgewogen. Für das einfache Volk war der Farbstoff einfach zu teuer. Auch heute gibt es noch echten Purpur und mit ca. 2500 € für 1 g ist er auch heute nicht für jedermann erschwinglich.

Henna, Kurkuma, Safran sind weitere Beispiele für pflanzliche Farbstoffe. Safran ist auch heute noch ein begehrter Farbstoff, vor allem für die Lebensmittelproduktion und mit 7750 € pro kg auch ziemlich wertvoll.

Der Farbstoff Purpur ergibt gemahlen ein besonders edles Rot.

Quelle: Kremer Pigmente GmbH & Co. KG

Der Farbstoff Kurkuma lässt sich zu einem leuchtenden Gelb verarbeiten.

Quelle: Kremer Pigmente GmbH & Co. KG

Pigmente

Pigmentefarben sind farbgebende Substanzen aus Erden und Mineralien. Erdfarben und Erze sowie Holz- und Steinkohle wurde schon in der Steinzeit zum Färben von Wänden, Holz und anderen Gegenständen verwendet. Die Färbung diente neben der Verschönerung meist einem symbolischen, mystischen oder religiösen Zweck.

Pigmente lösen sich im Gegensatz zu Farbstoffen im Verdünnungsmittel nicht auf und müssen daher mit einem Bindemittel angerührt werden. Das nennt man Suspension. Die Pigmente liegen nach der Trocknung fein verteilt auf der Holzoberfläche und bieten dadurch, anders als Farbstoffe, einen gewissen UV Schutz.

Nussbaum Körnerbeize wird aus Braunkohle hergestellt und in Wasser aufgelöst.

Womit beizt man heute?

Für die heute gängigen Beizen werden beide Farbmittel, sowohl Farbstoffe als auch Pigmente, durchwegs synthetisch auf der Basis von Erdöl und Kohle hergestellt. Die Unterscheidung wird nur mehr an den Eigenschaften, nicht mehr wie früher an der Herkunft (tierisch, pflanzlich oder aus Erden und Mineralien) der farbgebenden Substanz festgemacht: Farbstoffe sind feiner als Pigmente und lösen sich vollständig in ihrer Verdünnung auf. Sie dringen gut in die Holzoberfläche ein. Pigmente dagegen sind unlöslich und müssen mit einem Bindemittel angerührt werden. Aufgrund ihrer gröberen Struktur als die der Farbstoffe liegen sie nach der Trocknung feinverteilt auf der Holzoberfläche und bieten dadurch, wie schon erwähnt, eine erhöhte UV Beständigkeit.

Was ist sonst noch drin?

Färbende Substanzen allein machen, nach heutigen Qualitätsanforderungen, noch keine gute Beize aus. Die natürlichen Pigmente und Farbstoffe früherer Zeiten verblassten oft sehr schnell. Gebeizte Möbel mussten sogar vom Sonnenlicht ferngehalten oder bei Nichtbenutzung abgedeckt werden.

Heute werden den Beizen vielfältige Additive beigemischt, um den ursprünglichen Beizton in seiner Optik möglichst lange zu erhalten und Abnutzungserscheinungen zu verzögern. Zu diesen eigenschaftsverbessernden Hilfsmitteln zählen Benetzungsmittel, (z. B. Tenside, Alkohol) die die Verbindung des Holzes mit Beize intensivieren.

Der gefürchtete Farbstoffabbau durch UV-Strahlung wird durch mikronisierte Pigmente, die als UV Absorber fungieren, verlangsamt. Diese UV Absorber absorbieren die schädliche UV-Strahlung in bestimmten Wellenbereichen und wandeln ihre Lichtenergie in unschädliche Wärme um.

Um die verflüssigten Beizen in ihren Verarbeitungseigenschaften zu verbessern, enthalten sie ggf. Anti-Absetzmittel. Sie sollen das Absetzen der Feststoffe in der Beize vermindern.

Entschäumer, auch Schaumverhüter genannt, sind chemische Verbindungen, die eine unerwünschte Schaumbildung bei der Produktion oder Verarbeitung der Beize unterdrücken sollen. Sie sind oberflächenaktive Substanzen, meist auf der Basis von Mineralölen, höheren Alkoholen und Silikonen.

Technische Konservierungsmittel (Biozide) besitzen in wässrigen Lösungen, d. h. in Wasserbeizen ein breites Wirkungsspektrum gegen Bakterien, Hefe und Pilze. Sie vermeiden Fäulnisprozesse der Beize im Aufbewahrungsgefäß. Ihre Menge kann vom Hersteller nicht willkürlich beigemischt werden, sie sind durch die Biozidrichtlinien begrenzt.

Diese Farbstoffe und Pigmente passen gut zu dem warmen Braunton frischer Kastanien. Quelle: Kremer Pigmente GmbH & Co. KG

Diese Farbstoffe und Pigmente harmonieren mit dem Farbton frischer Walnüsse. Quelle: Kremer Pigmente GmbH & Co. KG

Beizen sind als Flüssig- oder Pulverbeizen im Handel erhältlich. Flüssigbeizen sind gebrauchsfertig „eingestellt", d. h. sie dürfen nicht weiter verdünnt werden. Pulverbeizen werden je nach Sorte in Wasser oder Spiritus aufgelöst, die Konzentration und damit die Intensität des Farbtons kann man dadurch selbst bestimmen.

Gut zu wissen

Die in Beizen verwendeten Konservierungsmittel sind häufig identisch mit denen, die in wässrigen Lebensmitteln verwendet werden.
Grundsätzlich sollten Beizen dennoch nicht in die Kanalisation und damit evtl. ins Grundwasser gelangen. Sie werden als schwach wassergefährdend nach WGK 1 eingestuft.

Links sieht man deutlich den Positiveffekt einer chemischen Beize auf Fichtenholz, rechts die „unnatürliche" Färbung einer einfachen Farbstoffbeize. Die dichteren, eigentlich dunkleren Spätholz Jahresringe nehmen weniger Farbstoffe auf als das offenere Frühholz.

Dieselbe Beize ergibt unterschiedliche Farbnuancen auf Massivholz und Furnier.

Positiv oder negativ?

Vielleicht haben Sie auch schon einmal den Begriff „Positivbeize" oder „positives Beizbild" gelesen und sich gefragt, was das bedeutet. Vor allem bei Nadelhölzern haben die hellen Jahresringe (Frühholz) eine offenere Struktur als die dunklen (Spätholz) und nehmen dadurch mehr Farbstoffe auf, die Farbigkeit der Jahresringe dreht sich um, das Beizbild erscheint „negativ" und damit irgendwie unnatürlich. Dieser Effekt lässt sich besonders gut auf Weichholz, z. B. Fichte beobachten.

Um aber ein natürlich wirkendes Beizbild zu erhalten – die hellen Jahresringe sollen auch nach dem Beizvorgang immer noch heller sein als die Dunklen – sind den sogenannten „Positivbeizen" entsprechende (chemische) Substanzen beigemischt.

Den Begriff „Negativbeize" dagegen werden Sie vergeblich suchen, er würde natürlich auch keine guten Eigenschaften suggerieren. Jede normale Farbstoffbeize ergibt auf Nadelholz ein negatives Beizbild, was nicht als negativ eingestuft werden sollte.

Wie unterscheidet man Beizen?

Man unterscheidet Beizen nach ihrem Lösungsmittel oder ihrer Holzzuordnung.

Die Lösungsmittel wiederum unterteilen sich in Wasser lösliche oder organische Verdünnungsmittel. Organische Lösungs- bzw. Verdünnungsmittel sind Kohlenwasserstoffverbindungen, wie wir sie auch in den uns bekannten Produkten vorfinden wie: Nitroverdünnung, Waschlöser, DD-Verdünnung, Farbverdünnung wie Kunststoff- und Kunstharzverdünnung, Terpentinersatz, Petrolcum und Terpene. Bei Lösungsmittelbeizen sind Farbstoffe bzw. Pigmente in Lösungs- bzw. Verdünnungsmitteln gelöst oder emulgiert. Sie reagieren meist physikalisch auf der Holzoberfläche.

Bei Wasserbeizen sind die farbgebenden Substanzen in Wasser gelöst oder emulgiert bzw. beides. Einfache Farbstoffbeizen kann man als Pulver kaufen und selber in der gewünschten Konzentration in Wasser auflösen.

Beizen mit Holzzuordnung unterteilen sich in Nadelholzbeizen mit Positiveffekt und Hart-, Laub- oder Edelholzbeizen, die auf Nadelhölzern ein negatives Beizbild abgeben würden. Diese Beizen kann man an ihren Namen erkennen, d. h. eine Nadelholzbeize hat immer einen Positiveffekt und sollte auch nur auf Nadelhölzern wie Fichte, Tanne, eingeschränkt auf Kiefer und Lärche Verwendung finden. Genauso verhält es sich mit den Hart-, Laub- und Edelholzbeizen. Auch sie sollten nur auf den empfohlenen Holzsorten verwendet werden. Edelholzbeizen sind besonders vorteilhaft für Nussbaum, Kirschbaum und Mahagoni. Ihre Zusammensetzung ist speziell auf die jeweilige Holzstruktur ausgerichtet.

Gut zu wissen

Der Positiveffekt wird erst bei der durchgetrockneten Beize sichtbar.

Die Holzoberflächenbehandlung beginnt mit der Holzauswahl

Schon vor dem Bau Ihres Werkstückes sollten Sie sich Gedanken machen, welche Oberflächenbehandlung Sie vornehmen wollen und welchen Effekt diese haben soll. Mit anderen Worten: Es ist hilfreich, sich darüber zu informieren, welches Oberflächenmittel auf welcher Holzart welchen Effekt hat, da sich nicht nicht jedes Holz gleich gut beizen lässt.

Die Auswahl an Beizen ist riesengroß. Für kleinere Hartholz Projekte sind beispielsweise Clou Beutelbeizen bestens geeignet, da man nicht die gesamte Menge auflösen muss und so die Mischung in ihrer Konzentration noch verstärken kann. Außerdem ist das trockene Beizpulver fast unbegrenzt haltbar.

Der Farbton Kirsche erzielt auf Kirsche-Leimholz und Furnier leicht voneinder abweichende Farbtöne.

Hier sieht man dieselbe, noch feuchte Beize (Clou Tütenbeize „negativ“) links auf einer sägerauen, in der Mitte auf einer gehobelten und rechts auf einer geschliffenen Fichtenholzleiste. Die Oberflächenstruktur wirkt sich immer auf den Farbton aus.

Beide Bretter, links Sperrholz Buche furniert, rechts Buche Leimholz wurden in der unteren Hälfte mit stark verdünnter Nussbaum Körnerbeize gebeizt. Rechts oben sieht man dieselbe Beize in etwa doppelter Konzentration.

Mit Hartwachsöl eingelassen werden alle gebeizten Holztöne deutlich satter.

Die Hirnholzbereiche der Zinkenverbindung des mit Holzeffekt Positivbeize und Hartwachsöl behandelten Hockers sind deutlich dunkler als das Längsholz. Sie nehmen aufgrund der Röhrenstruktur der Fasern und deren Kappilarwirkung mehr Beize auf, die Färbung wird intensiver.

Schon die Tiefe des gewünschten Farbtons auf der Holzoberfläche ist von mehreren Faktoren abhängig.

Bei Pulverbeizen ist die Konzentration der Farblösung, d. h. die Menge der in einer bestimmten Wassermenge gelösten Farbstoffe entscheidend. Verdünnte Beizen ergeben hellere bzw. blassere Töne.

Das Aufnahmevermögen des Holzgewebes, d. h. die Saugfähigkeit ist ausschlaggebend für das Beizergebnis. Je lockerer das Holzgewebe ist z. B. bei grobjährigem Nadelholz, desto mehr Farblösung wird aufgenommen und umso stärker wird die Holzfärbung.

Nadelholz saugt also grundsätzlich stärker als Laubholz.

Der Beizenverbrauch richtet sich auch nach der Oberflächenbeschaffenheit: Großflächige glatte Flächen verbrauchen weniger Beize als unebene, kleinteilige Bauteile.

Auch zwischen Längs- und Hirnholz besteht ein großer Unterschied in der Flüssigkeitsaufnahme. Hirnholz saugt, nimmt bis zu 10 mal mehr Flüssigkeit als Längsholz auf.

Gut zu wissen

Richtwerte für den Verbrauch flüssiger Beize:

Ca 0,25 l für 1 Stuhl

Ca 1,00 l für 10 qm

Praxistipp

Befassen Sie sich schon vor der Holzauswahl mit den Herstellerempfehlungen der verschiedenen Oberflächenmittel!

Zusammenhängende Flächen sollten immer gleich vorbehandelt und bearbeitet werden!

Jede Bearbeitung einer Holzoberfläche verändert ihre Struktur, d. h. hobeln und schleifen, ob grob oder fein, hinterlässt entsprechende Spuren auf der Holzoberfläche, die bewirken, dass Beize unterschiedlich stark aufgenommen wird. Sägeraues Holz nimmt am meisten Beize auf, geschliffenes umso weniger, je feiner geschliffen wurde. Und eine gehobelte Oberfläche bietet eine so glatte, verschlossene Oberfläche, dass Beizflüssigkeit schlecht und ggf. ungleichmäßig aufgenommen wird.

Wenn man aber eine Tischplatte fein, das dazugehörige Gestell etwas gröber schleift, muss das kein Fehler sein und sich auch nicht nachteilig auf das Beizbild auswirken. Denn diese Holzflächen haben keinen direkten Zusammenhang und eine leicht voneinander abweichende Beiztönung stört in der Regel nicht.

Wer aber beispielsweise eine Fläche mit Schleifpapier Körnung 120 schleift, dabei noch einen hartnäckigen Flecken entdeckt und ihn in derselben Fläche mit Schleifpapier Körnung 80 entfernen will, darf sich nicht wundern, wenn diese Stelle später mehr Beize annimmt und dort ein dunkler Fleck entsteht.

Allerdings ist es vor allem bei Wasserbeizen noch während des Beizens möglich, eventuelle Leimflecken wegzuschleifen. Dies sollte aber immer in Faserrichtung und mit geringst möglichem Druck geschehen.

Wer beim Beizen mit Wasserbeize noch Flecken entdeckt, darf sie auch in der feuchten Beize noch wegschleifen.

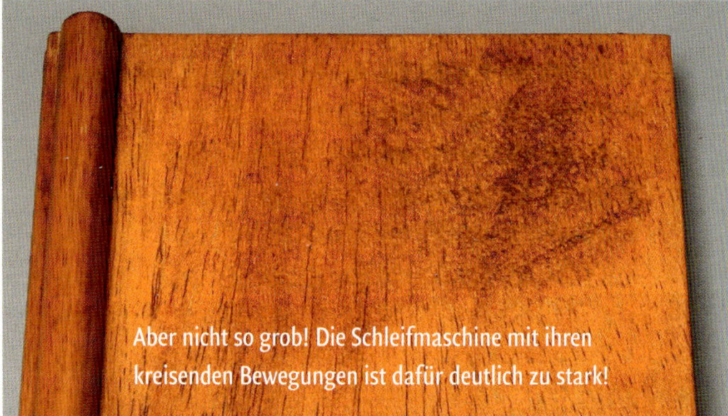

Aber nicht so grob! Die Schleifmaschine mit ihren kreisenden Bewegungen ist dafür deutlich zu stark!

Auch quer schleifen hinterlässt Spuren, die beim Beizen noch deutlicher sichtbar werden.

Der ausgetretene Leim neben der Profilleiste nimmt keine Beize an.

Um diese unschönen Flecken zu entfernen, schleift man vorsichtig in Faserrichtung mit geringem Druck so lange, bis die Leimschicht abgetragen ist.

Erneut gebeizt ist der ehemalige Leimfleck nicht mehr zu sehen.

Wie wirkt Beize auf den verschiedenen Holzwerkstoffen?

Wenn Sie sich entschieden haben, ein Werkstück zu beizen, werden Sie vermutlich im Fachhandel eine Beize kaufen und sich bei der Farbwahl an den Beizmustern des Herstellers orientieren. Meist werden die verschiedenen Farbtöne auf schlicht furnierten Sperrholzstückchen präsentiert.

Jeder Baum der gleichen Art ist in seinen strukturellen Eigenschaften unterschiedlich, auch in seiner Beizaufnahmefähigkeit. Schon deshalb kann es Unterschiede zum Beizmuster des Herstellers geben. Außerdem sind die Firmenmuster vermutlich jahrelang unter Lichteinfluß schon etwas gealtert, bzw. nachgedunkelt, auch wenn sie mit Lichtschutzlack überzogen wurden. Zudem ist meist auf den Mustervorlagen nicht angegeben, mit welchem Schleifkorn beim Erstschliff, und beim Schliff nach dem Wässern gearbeitet wurde. Es ist auch zu beachten, dass Massivholz die Beize anders aufnimmt als die gleiche Holzart, wenn es sich um dünn aufgeleimtes Furnierholz handelt. Meist beizt sich Massivholz auch etwas intensiver als dünnes Furnier. Linke Holzseiten (Richtung Splint) reagieren im Vergleich zu rechten (Richtung Kern) unterschiedlich auf Beizen.

Gut zu wissen

Die Mustervorlagen der Hersteller können und sollten nur als „Grobvorlage“ betrachtet werden!

Beizen, bzw. jede andere Oberflächenbehandlung auch, sollte man immer in guten Lichtverhältnissen, möglichst bei Tageslicht auftragen. Der gewünschte Farbton lässt sich besser beurteilen als bei künstlichem Licht.

So sieht der Farbton „Torf“ einer Positiv Nadelholzbeize (Rosner) auf der Musterkarte und auf dem gebeizten und rechts mit Hartwachsöl behandelten Hocker aus. Der Farbton ist in diesem Fall um einiges dunkler als auf dem Sperrholz- Musterbrettchen, obwohl genau nach Anleitung gearbeitet wurde.

Praxistipp

Wenn Sie vorhaben, ein Möbelstück zu beizen, bereiten Sie sich aus Reststücken des verwendeten Holzes mehrere „Beizmuster" vor. An diesen nehmen Sie dann die gleichen Arbeitsschritte wie Hobeln, Schleifen, Wässern, Nachschleifen etc. vor. Diese Musterbrettchen bieten Ihnen die Möglichkeit, die gewünschte Oberflächenbeschichtung zu testen, ohne am fertigen Möbel zu experimentieren und evtl. bei Nichtgefallen größere Bereiche wieder abschleifen zu müssen. Aber bedenken Sie, dass kleine Musterbretter heller ausfallen können als die größeren Flächen des Möbelstückes, da bei diesen die Einwirkzeit vom Auftrag bis zum Vertreiben der Beize meist länger ist. Gummihandschuhe schützen Ihre Hände während der gesamten Oberflächenbehandlung vor Verfärbungen!

Glücklicherweise stimmt hier das Farbergebnis von Musterbrettchen und Beizmusterkarte ziemlich genau überein, da sich beide Materialien ähneln: Die Farbmusterkarte auf schlicht gemasertem Fichtenfurnier und der Hocker aus schlicht gemasertem, massiven Fichtenholz.

Besonderheit: Leimholzplatten

Holzwerker bauen ihre Werkstücke in den letzten Jahren besonders gerne aus den praktischen Leimholzplatten, die zwar durch und durch massiv und damit ein sehr hochwertiges Holzmaterial sind. Die Holzauswahl dieses Leimholzes, das industriell verarbeitet wird, leidet gegenüber der handwerklichen Anfertigung von Massivverleimungen der vergangenen Jahrzehnte durch das qualifizierte Schreinerhandwerk .

Im maschinellen Leimholz liegen Kernbretter neben Seitenbrettern, auch Seitenbretter mit schrägem Faserverlauf des Baumes werden ggf. in dieses Leimholz eingefügt. So liegen besonders saugfähige neben weniger saugfähigen Holzflächen. Die Aufnahmefähigkeit von Holzfasern in den verschiedenen Richtungen von Längsholz bis Hirnholz kann bis zu 10 mal höher sein. Möbelelemente, gefertigt aus industriell gefertigten Leimholzplatten können gebeizt dann ziemlich fleckig außehen.

Am besten beziehen Sie diesen Effekt in Ihre Planung mit ein bzw. lassen sich direkt auf einem Probebrettchen aus Leimholz ihr Farbmuster beim Fachhändler machen. Wenn Sie dann die unterschiedliche Färbung stört, sollten Sie von einer Beizung Abstand nehmen.

Es gibt auch noch die Möglichkeit, bei Positivbeizen einen Egalisator zu verwenden. Das ist ein leichtes Bindemittel in wässriger Lösung, welches den zu stark saugenden Partien von Nadelholz (Fichte und Tanne) vor dem Beizen etwas von ihrer Saugfähigkeit nimmt. Das Beizbild wird, gerade auf den beliebten Fichtenleimholzplatten, etwas einheitlicher.

Leimholz besteht aus vielen Holzleisten mit ganz unterschiedlichen Faserverläufen. Wenn es, wie hier, auch in der Länge „gestückelt" ist, kann das Beizergebis recht unruhig ausfallen.

Wachsbeizen benötigen keinen Überzug, sie werden mit einer Rosshaarbürste auf Glanz gebracht.

Die nicht mehr häufig verwendeten Rustikalbeizen geben gerbsäurehaltigem Holz wie Eiche einen rustikalen Charakter.

Beizen und was dann?

Allerdings bieten Beizen allein dem Holz keinen ausreichenden Schutz vor UV Licht, Flecken und sonstigen Einflüssen und müssen daher nach der Trocknung einen schützenden Überzug erhalten. Öle, Wachse, Öl-Wachskombinationen, diverse Lacke und Polituren eignen sich besonders gut. Dabei sollte man immer darauf achten, dass sich Beize und Überzugsmittel nicht gegenseitig negativ beeinflussen. Hinweise zur ihrer Verträglichkeit finden Sie auf der Seite 143.

Eine Ausnahme bilden Wachsbeizen, die auf Holz an wenig beanspruchten Bereichen wie Deckenverkleidungen oder Wandtäfelungen aufgetragen werden können. Sie werden nach der Trocknung nur gebürstet und benötigen keinen schützenden Überzug. Allerdings sind sie auch nicht besonders widerstandsfähig gegen Wasser und bekommen leicht Flecken.

Gut zu wissen

Alle Beizen sind aufgrund ihrer eingeschränkten Widerstandsfähigkeit nur für die Oberflächengestaltung von Holz im Innenbereich geeignet. Im Außenbereich muss man, wenn man Holz einfärben möchte, auf Lasuren, gefärbte Öle oder Wetterfarben zurückgreifen.

Wasserbeizen lassen sich in beliebigem Verhältnis miteinander vermischen.

Vorbereitung: säubern, schleifen, wässern

Laut Packungsbeilage der Hersteller sollen Holzflächen immer sauber, trocken und staubfrei sein, bevor sie gebeizt werden.

Sauber heißt ohne Leim- und sonstige Flecken, vor allem ohne Fettflecken. Leim sollte man vorsichtig wegschleifen, Fett mit Alkohol oder Waschbenzin abwaschen.

Trocken bedeutet, dass das zu behandelnde Teil äußerlich nicht nass sein darf. Es heißt aber auch, dass es die schreinertechnische Holzfeuchte von 12 % haben sollte. Im Handel erhältliche Holzwerkstoffe weisen üblicherweise diesen Feuchtigkeitsgrad auf.

Frisch geschlagenes Holz beispielsweise kann nicht sofort gebeizt werden, das Holz würde „ausbluten“ und Flecken verursachen.

Staubfrei bedeutet, dass das Werkstück nach dem Schleifen und damit vor dem Beizen gründlich mit einem Pinsel, Besen, Staubtuch oder Pressluft entstaubt wird.

Gut zu wissen

Beizen können nur auf rohem, unbehandeltem, aber geschliffenem Holz aufgebracht werden!

Getrockneter Leim ist auf rohem Holz kaum zu erkennen.

Aber gebeizt sticht er sofort ins Auge!

Vor dem Beizen sollte die geschliffene Fläche gründlich entstaubt werden.

Das Wässern mit einem feuchtem Schwamm lässt die vom Schleifen eingedrückten Fasern wieder aufstehen. Gleichzeitig werden durch das Wasser evtl. Leimflecken sichtbar gemacht und die Holzstruktur egalisiert.

Schleifen in Faserrichtung, am besten bei geraden Flächen mit einem Schleifklotz, bereitet das Holz auf die optimale Aufnahme von Beize vor.

Wie sollte geschliffen und gewässert werden?

Schleifen bereitet die Holzporen auf die optimale Aufnahme von Beize vor. Weichholz sollte man nicht feiner als mit Körnung 100 – 150, Hartholz nicht feiner als mit Körnung 180 schleifen. Sonst schmiert der feine Holzstaub die Poren zu, das Beizbild könnte fleckig werden. Beim Schleifen werden die Holzfasern teilweise abgeschnitten und teilweise wieder in die Fläche gedrückt. Diese eingedrückten Fasern quellen nach dem Beizauftrag mit wässrigen Beizen auf, die Oberfläche wird wieder rau. Dieser Effekt lässt sich vermindern, indem man mit möglichst frischem Schleifpapier schleift und anschließend wässert.

Wässern bedeutet, die bereits geschliffenen und entstaubten Flächen mit warmem Wasser mäßig anzufeuchten, um die durchs Schleifen ins Holz gedrückten Fasern wieder aufzuquellen. Die Holzoberfläche wird dadurch erneut rau. Wenn man anschließend mit einem ganz frischen, feineren Schleifpapier (Körnung 240) ohne Druck über die abgetrockneten, vorher gewässerten Flächen schleift, werden nur die durch das Wässern aufgerichteten Fasern abgeschnitten und fast keine neuen in die Fläche gedrückt. Wer grundsätzlich vor dem Beizen wässert und fein nachschleift, muss auch nach dem ersten Überzugsmittelauftrag weniger zwischenschleifen.

Auch beim Einsatz von Lösungsmittelbeizen, die keine Faserquellung verursachen, ist der Arbeitsschritt Wässern nicht nachteilig, da es grundsätzlich eine Art Endkontrolle der Flächenqualität bietet. Im feuchten Zustand kann man eher noch Leimflecken und sonstige Störstellen auf der unbehandelten Holzoberfläche erkennen.

Da beim Schleifen ein Teil der Holzfasern abgeschnitten, ein Teil wieder ins Holz gedrückt werden, ist es sinnvoll, die Holzfläche zu wässern. Mit einem angefeuchteten Schwamm wird die Fläche befeuchtet, die eingedrückten Fasern quellen dadurch und richten sich wieder auf .

Nun sollten nach der Trockung die aufgerichteten Fasern mit einem frischen, feinen Schleifpapier (Körnung 180–240) ohne Druck abgeschnitten werden.

Auch Flächen, die nicht gebeizt werden, sollte man wässern, weil einige Lacke z. B. Wasserlacke einen Quelleffekt auf die Holzfaser haben.

Außerdem bewirkt das Wässern eine leichte Egalisierung der Oberflächenstrukturen, die dann die Beize gleichmäßiger annehmen. Vor allem Leimholz, das meist aus Leisten, mit sehr unterschiedlichem Wuchsverlauf und teilweise leicht abhölzigen, d. h. schräg zur Oberfläche liegenden Holzfasern verleimt ist, sollte vor dem Beizen gewässert werden.

Metalle können mit den Beizchemikalien in Verbindung treten und zu unerwünschten Farbreaktionen während des Beizauftrags führen. Daher sollten Beizen am besten mit einem metallfreien Pinsel aufgetragen und nur in Glas- oder Kunststoffgefäßen verarbeitet werden.

Wenn Gerbsäure haltiges Holz, hier Eiche, mit Metall (Stahlwolle) in Berührung kommt, sieht man zunächst nichts davon.

Wenn später Wasser bzw. Beize auf diese Stellen trifft, kann es zu schwarzen „Sommersprossen" und Verfärbungen kommen. Auf dem mit Eiche furnierten Brett, links, fallen die Flecken wesentlich dunkler aus als beim Eicheleimholz, rechts.

Wie beizt man am besten?

Man taucht die Pinselspitze bis unterhalb der Kunststoffmanschette in die Beize und trägt sie zuerst an unzugänglichen, dann an den übrigen Stellen sättigend feucht, aber nicht zu nass auf. Aufrechte Teile beizt man am besten von unten nach oben, damit keine „Nasen" in die noch unbehandelte Fläche laufen. Bei Rahmentüren werden zuerst Füllungen, dann die Quer- und zum Schluss die Längsfriese gebeizt.

Der Beizpinsel sollte nur bis unterhalb seiner Kunsstoffmanschette eingetaucht werden, damit beim Beizen eine kontrollierbare Menge Flüssigkeit herausläuft.

Der alte Stuhl wurde mit Alkohol von seinem Schellacküberzug befreit und anschließend mit Schleifpapier Körnung 180 geschliffen. Beim Beizen macht man am besten auf einem Holzstück derselben Holzsorte einen Farbtest.

Die Beize wird zuerst an den unzugänglichen Stellen, hier unterhalb der Lehne aufgetragen. Dabei zeigt sich ein vorher unsichtbarer Leimfleck jetzt ganz deutlich.

Wenn jetzt noch einmal an derselben Stelle Beize aufgetragen wird, ist der Leimfleck verschwunden.

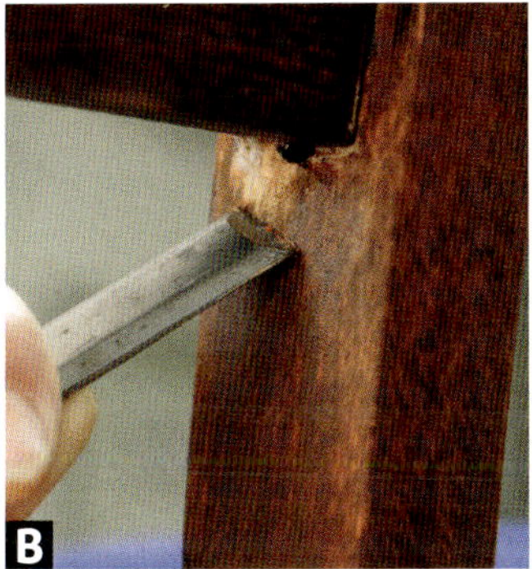

Bei Wasserbeizen darf man noch nacharbeiten und den Leimfleck mittels eines scharfen Stemmeisens abschaben. Aber Vorsicht: Stemmeisen immer ziehen, nicht schieben, sonst macht man leicht Schnitte ins Holz.

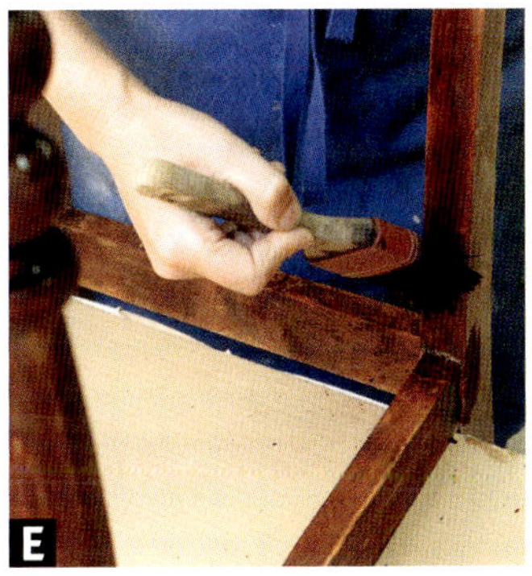

Der ganze Stuhl sollte zügig feucht, nicht nass gebeizt werden und möglichst bis zum Schluss überall gleichmäßig feucht gehalten werden. Dazu ist es sinnvoll, das Werkstück so zu drehen, dass man alle Beizflächen gut sehen kann.

Die Stelle wird dann noch mit einem feinen Schleifpapier (Körnung 180) nachgeschliffen.

Hier sieht man, dass wenn zuviel Beize aufgetragen wird, sie stark verläuft.

Dabei ist darauf zu achten, dass man zügig vorgeht, damit alle Stellen gleichmäßig benetzt werden. Das bedeutet in der Praxis, dass das zu beizende Werkstück so lange feucht gehalten werden sollte, bis der Beizauftrag überall erfolgt ist. Aus der nun vollständig gebeizten, noch feuchten Fläche verstreicht man mit einem breiten, trockenen Pinsel, dem sogenannten "Vertreiber", eventuelle Beizüberschüsse in Faserrichtung. Das geht auch mit einem angefeuchteten Schwamm oder Lappen, der allerdings mehr der noch feuchten Beize aufsaugt und eventuell das Beizbild zu hell werden lässt. Wer ohne System, zu langsam und zu trocken beizt, kann eine fleckige Oberfläche erhalten.

Das richtet aber keinen Schaden an, wenn die noch feuchte Beize mit einem trockenen Beizpinsel, dem „Vertreiber“ gleichmäßig verteilt, bzw. vertrieben wird.

Auch ein trockener Schwamm eignet sich zum Verteilen und Vertreiben der feuchten Beize.

Beizen Sie so, dass Sie das gesamte Werkstück immer im Blick haben und es sich möglichst in eine geeignete Position drehen.

Es gibt Fälle, wo ein zweiter Beizdurchgang durchaus sinnvoll sein kann: Besonders helles Holz, z. B. Splintholz, kann durch einen zweiten Beizauftrag farblich den übrigen, dunkleren Flächen angeglichen werden. Mehr als zwei Mal sollte man sein Werkstück allerdings nicht beizen, die Farbpartikel verschleiern (bei Pigment- oder Kombinationsbeizen) sonst die Holzstruktur.

Wer nicht gleichmäßig beizt, erhält unschöne „Einläufe".

Übrigens macht es leider wenig Sinn, nur Teilbereiche eines Brettes beizen zu wollen, die Kapillarwirkung des Holzes verteilt die flüssige Beize, auch wenn man die „Trennlinie" vorher abgeklebt hat, in Richtung der Holzmaser.

Gut zu wissen

Viele Holzwerker erschrecken, da die durchgetrocknete Beize auf dem Werkstück plötzlich viel stumpfer und irgendwie gräulich aussieht. Doch keine Angst, als Anhaltspunkt für den endgültigen Farbton dient immer die feuchte Beize auf dem Holz. Das Überzugsmittel gibt der Beize dann ihre „feuchte" Farbe wieder, kann allerdings durch eine evtl. gelbliche Eigenfarbe z. B. eines Öl-Überzugs noch etwas verändert werden.

Die Positiv Holzeffekt Beize links auf einem schon nachgedunkelten mit Fichte furnierten Brett, rechts auf dem neuen Massivholzbrett betont deutlich die Jahresringe.

Erst im getrockneten Zustand zeigt die Beize ihren Positiveffekt, sie sieht aber grauer aus als erwünscht.

Erst der Überzug mit Hartwachsöl zeigt den endgültigen satten Braunton mit Positiveffekt.

Praxistipp

Hirnholz sollte man vor der Behandlung mit Wasserbeizen „vornässen“, damit sich die Saugfähigkeit ungefähr dem Längsholz anpasst.
Hirnholz nimmt Feuchtigkeit aufgrund der Kapillarwirkung der Zellen wesentlich stärker auf und färbt sich dadurch dunkler.

Diese Tabelle hilft Ihnen, Beizen aus dem Profibereich von fünf bekannten Herstellern miteinander zu vergleichen.
In der Kopfzeile ist jeweils der Firmenname genannt, in der rot unterlegten Spalte links sind die Beizen nach Kategorien geordnet.
Die Namen, unter denen die Produkte im Handel sind, stehen in der jeweiligen Firmenspalte.

Beizenübersicht

	wasserbasierte Beizen							
	Basis	**Eigenschaften Unbedingt Technische Merkblätter beachten**	**Rosner**	**Zweihorn**	**Clou**	**Arti**	**Hesse**	**Charakterisierung**
Wachsbeize	wasserbasierend/ untereinander mischbar	Emulsion von natürlichen Wachsen mit Salmiakgeist als Emulgierhilfe. Erdfarben bzw. Farbstoffextrakte. Positives Beizbild/für dekorativen Innenausbau/ nicht belastbar. Siehe techn. Merkblatt	Wachsbeize (Wachsbeize-Color)	Wachsbeize WB	Wachsbeize	Artiwax	Glanzbeize BU 58	„Lasurbeize" Kombination aus löslichen und pigmentierten Farbstoffen
Positivbeize	wasserbasierend/ untereinander mischbar	Nadelholzbeize mit natürlichen und synthetischen Farbstoffen. Stabilisierende Lichtschutzmittel und spezielleffektunterstützende Additive bewirken ein ausgeprägtes positives Beizbild. Alle Farbtöne sind untereinander mischbar. Der Positiv-Effekt entwickelt sich während der Trocknungsphase	Positiv Holzeffekt Beize (Natureffekt PS Beize)	Positivbeize PB	Nadelholzbeizen	Paracidol Beize	Positivbeize BT 58	„Lasurbeize" Kombination aus löslichen und pigmentierten Farbstoffen
Maserolbeize	wasserbasierend	Rein chemische Entwicklungsbeize ohne Zusatz von Farbstoffen. Beizbild positiv. Vorbeize = Gerbsäuere in Wasser gelöst Nachbeize = Metallsalze (farblos in Wasser gelöst)	Maserol Vor- u. Nachbeize				Vorbeize BH 59-21490 Nachbeize BI 59-21491	chemische Farbreaktion
Laugenbeize	wasserbasierend	Laugengemisch (chem. Reaktionsmittel ähnlich chem. Vor-/Nachbeize „Säure mit Alkalien") für den Fußboden- und Bauteilebereich	NaturExpert Laugenbeize	Kaligenbeize ORF 19945	Eiche-Antik-Beize		Laugeneffektbeize BL 4-20023	chemische Farbreaktion
Konzentratbeize	wasserbasierend/ untereinander mischbar	Kombination von Farbstoffen und Additiven für ein strukturklares Beizbild. Grundsätzlich für Laubhölzer einzusetzen (Nadelhölzer negatives Beizbild)	KKB Beize	Aquaholzbeize AHB	Kf-Beize (Wasserbeize in Pulver)	Artolbeize Articidol-Artiporin-Pulver	Edelholzbeize BE	Farblösung
Edelholzbeize	wasserbasierend/ untereinander mischbar	Kombination von Farbstoffen und Additiven für ein strukturklares Beizbild. Grundsätzlich für die Laubhölzer Kirschbaum, Mahagoni bzw. Nussbaum einzusetzen (Nadelhölzer negatives Beizbild)	Edelholz Beize	Spritz- und Pinselbeize S9900	Kirschbaumbeize, Mahagonibeize	Artolbeize	Edelholzbeize BE	Farblösung
Laubholzbeize	wasserbasierend/ untereinander mischbar	Spezialbeize mit egalisierendem Effekt auf Laubhölzern, durch natürliche und synthetische Farbmittel mit Additiven kombiniert sowie mit Lichtschutzmitteln stabilisiert.	RoAqua Laubholzbeize	Spritz- und Pinselbeize S9900	UHB Universal Holzbeize	Artiporin	Hydro Multibeize WUE	

Colorbeize	wasserbasierend/ untereinander mischbar	Suspension von mikronisierten Pigmenten und Additiven zur Tiefenbenetzung. Stark abdeckend und egalisierend. Auch geeignet für Dielen und Parkettböden.	Pigmentbeize	Aquacreativ-beize ACB	Colorbeize UHB Universal Beize	Artistarbeize	Colorbeize BC	
Farb-konzentrat	wasserbasierend	Hochkonzentriertes Farbstoffkonzentrat zur Farbeinstellung von Rosner Wasserbeizen außer: Pigmentbeize Aqua Rustikalbeize Max. Konzentration: 10%	RoAqua Tönkonzentrat F	Beizextrakt BXF	Farbkonzentrat für Kf-Beize	wässrige Farbstoffkonzen-trate	Farbkonzentrat BF	„Lasurbeize" Kombination aus löslichen und pigmentierten Farbstoffen
Farb-konzentrat	wasserbasierend	Hochkonzentriertes Farbstoffkonzentrat zur Farbeinstellung von Rosner: Pigmentbeize Aqua Rustikalbeize Aqua Kalkpaste Hydro Wasserlacke Max. Konzentration: 5%	RoAqua Tönkonzentrat P	Beizextrakt BXF	Color Plus	wässrige Pigmentkonzen-trate	Farbkonzentrat BP	„Lasurbeize" Kombination aus löslichen und pigmentierten Farbstoffen
Rustikal-beize	wasserbasierend/ untereinander mischbar	Spezialbeize mit Pigmenten und Farbstoffen, die den Charakter von grobporigen Hölzern besonders hervorheben und einen Rustikal-effekt (dunkle Poren) erzielen.	Aqua Rustikal-beize		Rustikaleffekt-beize	Artistar für grob-porige Hölzer		Hydro Rustikalbeize BN
		lösungsmittelbasierte Beizen						
Rustikal-lackbeize	lösungsmittel-haltig untereinander mischbar	Spezialbeize mit Pigmentenund Farbstoffen, die den Charakter von grobporigen Hölzern besonders hervorheben und einen Rustikaleffekt (dunkle Poren) erzielen.	Rustikal Lackbeize	Antikgrund-beize S9800	Rustikalbeize	Olesol	Lösemittelbeize CL	„Lasurbeize"
Spritzbeize	lösungsmittel-haltig	Kombination von Farbmitteln und Additiven in organischen Lösemitteln. Für einen egalisierenden Effekt auf Laub- und Nadelhölzern. Durch schnelle Trocknung besonders für rationelle Verarbeitung geeignet.	LM Spritzbeize	Wigranit Novacolorbeize WNCB	Mahagonibeize LH Rusikalbeize	Olesol Spritz-beize	Lösemittel Spritz-beize CL	„Lasurbeize"
Patina	lösungsmittel-haltig	Lösung von Farbstoffen mit guter Lichtechtheit in organischen Lösemitteln und einem speziellen Bindemittel. Zum Patinieren von bereits grundierten oder gebeizten Holzflächen und Profilen. Für 1K- u. 2K-Lacke geeignet bei Farbanpassungen mit egalisierendem Effekt.	Patina	Wisch Patina Paste WPP auf Wasserbasis	Patinierfarbe	Olesol Spritz-beize	Patina NC	
Wischbeize	lösungsmittel-haltig	Kombination spezieller Öle und lichtechter Pigmente in Lösemitteln zur Erzielung "antiker" Oberflächen. AW-Beize wird auf mit PU-Lacken grundierte u. fein geschliffene Fläche aufgetragen und ggf. nass oder nach kurzer Trocknung nachgewischt um gewünschten Effekt zu erzielen.	Antik Wischbeize	S9800	Wischbeize	Arti Antiktinktur	Wischbeize TD	„Lasurbeize"
Konzentrat	lösungsmittel-haltig	Lösung von Farbstoffen in organischen Lösemitteln zur Farbeinstellung von lösemittelhaltigen Lacken oder Beizen	LM Tönkonzen-trat F	Colorkonzen-trat CK	Abfärbetinktur		Farbkonzentrat CF Farbkonzen-trat CP	

Beizsorten

(in alphabetischer Reihenfolge)

Anilinbeize
mit Teerfarben, veraltet

Aquabeizen
auf Wasserbasis, evtl. lösemittelhaltig, Positiv- oder Negativeffekt je nach Produkt und Hersteller

Antikbeize
ungeschützte Produktbezeichnung; entweder einfache Farbstoffbeize, chemische Beize oder Überzugsmittel mit Patiniereffekt für bereits lackiertes Holz

Colorbeize
wässrige, farbstarke, gut deckende, lichtechte Pigmentbeize

Edelholzbeiz
auf Wasserbasis und/oder lösemittelhaltig, für Kirschbaum, Mahagoni, Nussbaum besonders geeignet, ergeben ein besonders klares Holzbild, Farbtöne sind untereinander mischbar

Kombibeize
Wasser-Alkohol-Beize mit guter Lichbeständigkeit und intensiver Porenbeizung

kf Kratzfestbeize
auf Wasserbasis und/oder lösemittelhaltig, hat eine besonders gute Tiefenwirkung, lichtecht, Farbtöne untereinander mischbar

Laubholzbeize
auf Wasserbasis und/oder lösemittelhaltig, mit egalisierendem Effekt auf Laubhölzern, Farbtöne sind untereinander mischbar

Nadelholzbeize
auf Wasserbasis und/ oder lösemittelhaltig, Positiveffekt auf Nadelhölzern, Farbtöne sind untereinander mischbar

Nussbaum Körnerbeize
(auch Saftbraun oder van Dyck Braun genannt) traditionelle Beize, die aus Braunkohle hergestellt wird, wasserlöslich, ergibt auf Hartholz warme Nussbaumfarbtöne, kann bis zu einem „warmen“ Schwarz konzentriert werden,

Pulverbeizen
in Wasser oder Spiritus aufzulösen, mit synthetischen Farbstoffen, relativ lichtstabil, Farbtöne sind untereinander mischbar

Rustikalbeize
auf Lösemittelbasis, verursacht auf grobporigen Hölzern wie Eiche und Esche Rustikaleffekt, Farbtöne sind untereinander mischbar

Spiritusbeize
auf der Basis von Spiritus, meist als Pulver, kann zum Einfärben von Nitro- und Spirituslacken verwendet werden.

Wachsbeize
wachshaltige, lagerstabile Beize auf Wasserbasis mit ausgleichender Farbwirkung, frei von Metallsalzen, benötigt keinen Lacküberzug

Wischbeize
auf Lösemittelbasis, Antikeffekt durch spezielle Lösemittel, lichtecht, muss nach dem Auftrag wieder abgewischt werden, Farbtöne sind untereinander mischbar

Kapitel 5

Lasur

Was ist eine Lasur?

Die ursprüngliche Definition von Lasur lautet: Eine Lasur ist eine transparente oder halbtransparente Lösung auf Kunst- oder Naturharzbasis. Halbtransparent bedeutet, das die Farbstoffe und/ oder Pigmente einer Lasur soviel Licht durchlassen, dass Maserung und Holzstruktur des damit behandelten Holzes noch gut zu erkennen sind. Eine Lasur bildet einen mehr oder weniger elastischen Anstrichfilm, der kaum ins Holz eindringt und als dünne Schicht auf der Holzoberfläche liegt.

Gut zu wissen

Wenn der Holzhandwerker umgangssprachlich von Lasur spricht, meint er grundsätzlich ein lasierend färbendes Beschichtungsmittel für den Holzschutz, d.h eine farbige Lasur für den Außenbereich. Da es auch farblose Lasuren für den Innenbereich und Übergangsformen zwischen Beizen und Lasuren gibt, ist eine scharfe Definition des Begriffes Lasur leider schwierig.

Der Begriff Lasur leitet sich ab vom kostbaren Mineralgemisch Lapis Lazuli.

Quelle: Kremer Pigmente GmbH & Co. KG

Der Löwe wacht, mit farbigen Lasuren geschützt, über Haus und Hof.

Die Art Deco Bank ist im Vintage Stil in zwei Grautönen lasiert.

Woher kommt der Begriff Lasur?

Der Begriff Lasur leitet sich aus dem lateinischen Wort Lasurium = Lapislazuli = Lasurstein ab. Das blauglänzende Mineralgemisch war schon im 3. Jh. v. Chr. bekannt und für die alten Ägypter das Kostbarste, was sie kannten. Als feines, lichtechtes Pigment vermahlen, spielte es in der Kunst über viele Jahrhunderte hinweg eine große Rolle.

Wie wirkt eine Lasur?

Jede flüssig aufgebrachte Lasur bildet, nachdem das Lösungsmittel sich durch Trocknung verflüchtigt hat, einen Film, bzw. eine Haut auf der Holzoberfläche. Dieser Film wirkt als Schutzschicht für das Holz. Dadurch unterscheidet sich eine Lasur von einer klassischen Beize, welche im Vergleich dazu ins Holz eindringt, nicht filmbildend ist und normalerweise einen anschließenden Schutzüberzug benötigt.

Der Fensterladen aus feinjährigem Fichtenholz ist seit vielen Jahren der Witterung ausgesetzt. Er wird in regelmäßigen Abständen mit einer natürlichen Holzlasur eingelassen, die den Alterungsprozess des Holzes bremst.

Lasuren gibt es in allen nur erdenklichen Arten, auf Kunst- oder Naturharzbasis, speziell für den Innen- und/oder Außenbereich.

Auch weitgehend natürliche Inhaltsstoffe bieten guten Schutz gegen Wind und Wetter.

Wieso soll man überhaupt lasieren?

Wind, UV Licht, Wärme, Regen, sowie Partikel der allgemeinen Luftverschmutzung bauen über Jahre hinweg je nach Lage Holzsubstanz schneller oder langsamer ab. Das Holzgefüge wird porös durch die substanzzerstörende UV-Strahlung, den Ligninabbau. Der Wind peitscht die schmutzige Luft und den Regen auf die Holzfläche und wirkt schmirgelnd. Die Wärme am Tage im Wechsel mit der Abkühlung bei Nacht lockert das Holzgefüge durch Spannungen, Risse entstehen. Auch die sich ständig ändernde Luftfeuchtigkeit, die einen Wechsel von Quellen und Schwinden der Holzsubstanz bewirkt, schädigt das Holz. Das tote Holz wird mürbe wie ein geschlagenes Schnitzel oder wie ein ständig gebogener Eisendraht.

Davor sollen Lasuren schützen. Ihre lichtstabilen, farbigen Pigmente bieten Schutz vor UV-Strahlung und verhindern gleichzeitig den vorzeitigen Abbau von Holzsubstanz.

Der Löwenkopf aus grobjährigem Fichtenholz zeigt deutliche Verwitterungsspuren.

Vor allem im Hirnholzbereich haben sich Risse gebildet, die Feuchtigkeit und Frost eindringen lassen. Um das in Zukunft zu verhindern, werden passende Keile mit einem witterungsbeständigen 2-Komponenten-Reparaturspachtel eingepasst.

Die Keile müssen gekürzt werden, um keine zusätzliche Angriffsfläche zu bieten.

Die farbigen Lasuren auf Ölbasis lassen sich mit Abtönkonzentrat und Pigmentpasten im Farbton verändern und anpassen.

Woraus besteht eine Lasur?

- **Bindemittel** bilden nach der Verdunstung des Lösungsmittels einen Materialfilm auf der Holzoberfläche. Außerdem umschließen sie weitere Körper, z. B. Farbpigmente in der flüssigen Lasur und sorgen auch für deren Haftung auf der Oberfläche des beschichteten Objekts.
- **Zusatzmittel bzw. Additive** verbessern grundsätzlich die Elastizität, Härte, Kratzfestigkeit und die Optik und schützen vor witterungsbedingten und sonstigen schädlichen Einflüssen.
- **Lösungsmittel bzw. Verdünnungsmittel** halten das Gemisch zunächst flüssig und sorgen nach der Verarbeitung durch Verdunstung dafür, dass die Lasur fest und trocken wird.

In **farbigen Lasuren** bestehen die Bindemittel aus lösungsfähigen Harzen, bzw. Kunstharzen plus Kunststoffpigmenten.
Bei **farblosen Lasuren** entfallen nur die Pigmente, alle anderen Inhaltsstoffe bilden einen schützenden Film.

Welche Mischformen gibt es?

Da die Übergänge zwischen Beize – Lasur und Lasur – Lack fließend sind, möchte ich hier auf ein paar Begriffe näher eingehen, denen Sie evtl. auf der Suche nach dem richtigen Oberflächenmittel begegnen.

- **Lasurbeize**
  ist ein färbendes Oberflächenmittel, dessen Bindemittelanteil höher als in einer Beize ist, aber geringer als in einer Lasur. Eine Lasurbeize benötigt in den meisten Fällen noch einen schützenden Überzug.
- **Farblösungsbeize**
  Hier lagern sich die Pigmente in die Holzsubstanz ein und färben sie entsprechend. Sie liegen nicht obenauf wie bei einer Lasur. Die Holzstruktur bleibt brilliant und changiert, je nach Lichteinfall. Auch sie sollten noch mit einem Überzugsmittel geschützt werden.
- **Lacklasur**
  Eine Lacklasur ist ein halbtransparenter Lack, z. B. Möbellack, dessen eingelagerte Pigmente eine im selben Ton gebeizte Holzoberfläche farblich nachjustieren können, dabei aber nicht abdeckend wirken. Eine Lacklasur ist ein Kombinationsprodukt, es verändert den Oberflächenton optisch und wirkt gleichzeitig mechanisch schützend. Eine Lacklasur entspricht einer Dickschichtlasur für den Außenbereich.
- **Lackpatina**
  Wenn man von Lackpatina spricht, ist ein halbtransparentes Lackprodukt für den Möbel- und Innenausbau gemeint. Sie hat keine so stark mechanisch schützende Wirkung wie eine Lacklasur, eher verändert und verbessert sie die Optik einer Holzoberfläche. Eine Lackpatina kann zwischen Grundierung und Endschicht aufgebracht werden. Sie sollte dort, wo chemisch und mechanische Belastungen auf die Oberfläche einwirken, zusätzlich mit einem Möbellack überzogen werden.
  Der Begriff Patina weist grundsätzlich auf eine färbende Eigenschaft hin. Eine sogenannte farblose Patina ist nur ein Verdünnungsmittel für Patinatöne.

Welche Auswahlkriterien gibt es?

Heutige Lasuren entsprechen generell einem hohen Technikstandard. Um sich für die passende Lasur zu entscheiden, sollte man trotzdem folgende Faktoren berücksichtigen, denn ihre Haltbarkeit und Schutzwirkung hängt maßgeblich davon ab. Das sind vor allem die Art der Bewitterung und damit die spezifische mechanische Belastung des Holzes, der konstruktive Holzschutz und die Wahl des verarbeiteten Farbtones. Es gibt nämlich Pigmente und Farbstoffe, die unter UV Einstrahlung wesentlich länger stabil bleiben als andere. Zusätzlich müssen die Beschaffenheit des Untergrundes und die Ausführung der Anstricharbeiten dem Stand von Wissenschaft und Technik entsprechen. Für die dauerhafte Schutzwirkung einer Lasur sind immer auch die rechtzeitigen Pflege- und Renovierungsarbeiten ausschlaggebend.

Gut zu wissen

Die gewählte Lasur sollte zur Art des Holzes, der Konstruktion und den Witterungsbedingungen passen. Wie immer sind auch hier die Hinweise der Hersteller hilfreich und sollten penibel befolgt werden.

Vorbereitung der Oberfläche

Im Innenbereich, wenn rohes Holz lasiert werden soll, gehen Sie bitte vor wie im Kapitel 4 – Beize, Vorbereitung: säubern schleifen, wässern (S. 68–70) beschrieben. Die Vorgehensweise ist identisch bei Lasuren anzuwenden.

Im Außenbereich sollte rohes Holz vor der Lasurbehandlung möglichst geschliffen sein, damit das Holz die Lasur gleichmäßiger annimmt. Sogenanntes Gartenholz (Pergolen, Zäune, Terrassendielen etc.) ist in der Regel maschinell gehobelt. Wenn es fettfrei und sauber ist, haften Lasuren darauf auch ohne vorheriges Schleifen. Eine zur Lasur passende Grundierung kann aufgetragen werden, wenn es der Hersteller empfiehlt.

Wie lasiert man am besten?

Für das Lasieren von Flächen bietet sich der Auftrag mit Schaumstoff- oder Vlieswalzen an. In Baumärkten und Maler Fachgeschäften werden solche Walzen speziell für Lasuren angeboten.

Am besten füllt man nur das Becken einer Farbwanne mit Lasur und taucht die Walze (möglichst mit abgerundeten Kanten) in das Becken. Durch Hin- und Herwalzen auf der Ablauffläche wird die Lasur dann gleichmäßig in der Walze verteilt und Überschüsse können ins Farbbecken ablaufen. Nun rollt man Bahn neben Bahn die Lasur in Holzrichtung auf die Holzfläche, bis die Farbkonzentration in der Walze nachlässt. Diesen Vorgang wiederholen Sie so oft, bis die gesamte Fläche gleichmäßig lasiert ist. Zur besseren Einarbeitung der Lasur empfehle ich, im Kreuzgang weiterzuarbeiten, d. h. ohne die Walze erneut in die Farbe zu tauchen, rollt man zuerst quer zur Faser, dann wieder längs über die gesamte Fläche. Eventuelle Bläschen in der Lasurfläche lösen sich meist ziemlich schnell auf, wenn die Lasur richtig eingestellt ist, d. h. nicht zu dick und nicht zu flüssig. Schmale oder erhabene Bauteile lasiert man am besten mit einem entsprechend breiten Pinsel.

Vor einem zweiten Lasurauftrag muss die angegebene Trocknungszeit unbedingt eingehalten werden. In den meisten Fällen ist ein leichter Zwischenschliff mit Körnung 240 bis 320 ratsam.

Praxistipp

Stellen Sie vorher fest, ob es sich bei Ihrer Lasur um eine Dünn- oder Dickschichtlasur handelt. Entsprechend dünn- oder dickflüssig wird sie nämlich sein und mit dem passenden Walzenbezug am besten zu verarbeiten sein.

Wie viele Lasuraufträge sind sinnvoll?

Eine Lasur kann und soll in den meisten Fällen mehrfach aufgetragen werden. Da Holz je nach Art und Faserrichtung unterschiedlich stark saugt, bieten meist erst 2–3 Aufträge die erforderliche Schutzwirkung. Auch hier sollten Sie unbedingt auf die Empfehlung des Herstellers achten. Bei extra ausgewiesenen „Einmal Lasuren" reicht in der Regel ein Auftrag. Sie haben einen höheren Festkörpergehalt als eine gängige Lasur. (Beispiel: Osmo „Einmal Lasur HS" hat einen Festkörpergehalt von 70 %) Meiner Meinung nach ist das aber nur etwas für Anwender, die es besonders eilig haben. Sicherer und Gleichmäßiger in der Schutzwirkung ist ein 2–3 maliger Auftrag.

Im Außenbereich bieten alle Lasuren nur dann einen dauerhaften Schutz, wenn sie regelmäßig erneuert werden, an bewitterten Stellen kann das schon alle 2–3 Jahre nötig sein.

Praxistipp

Wollen Sie die Farbkonzentration einer Lasur abgeschwächen, sollten Sie dies nur mit der farblosen Variante der jeweiligen Lasur tun. Es wäre grundsätzlich falsch, den Farbdeckungsgrad nur mit der dazugehörigen Verdünnung abschwächen zu wollen. Die Produkt typischen Merkmale wie Haftung, Bindemittelanteil, schützende Additive, sie alle würden auch verdünnt werden und die Lasur in ihrer Wirkung schwächen.

Praxisteil

Welche Kategorien von Lasuren gibt es?

- Eine **Holzlasur** ist für den dekorativen Einsatz im Innen- und Außenbereich geeignet und benötigt keine chemischen Wirkstoffe.
- Eine **Holzschutzlasur** enthält chemische Zusätze gegen Insekten (Insektizide) und Pilze (Fungizide) und ist daher für den Wohnbereich nicht geeignet. Das Wort „Schutz" signalisiert in dem Zusammenhang den Zusatz von schützender Chemie, vor allem für die Anwendung im Außenbereich.

Welche Lasurarten gibt es?

Dünnschichtlasuren haben einen relativ geringen Festkörpergehalt, dringen etwas in die Holzoberfläche ein und bilden, wie der Name sagt, eine dünne Schicht auf dem Holz. Dünnschichtlasuren schützen ihre eingelagerten Farbpigmente davor, durch Regen und Schnee ausgewaschen zu werden. Für nicht maßhaltige Bauteile wie Zäune, Verkleidungen, Trennwände etc. empfohlen, können sie dennoch unter Witterungseinfluss mikrofeine Risse bilden, in die dann Schädlinge eindringen. Um davor geschützt zu sein, beinhalten sie in der Regel Insektizide, bzw. Fungizide, die gesundheitsschädlich sein können. Dünnschichtlasuren lassen sich aufgrund ihrer geringen Schichtdicke und der gleichmäßigen Abwitterung leichter erneuern. Der Altanstrich muss nur angeschliffen und kann dann sofort neu überstrichen werden. Dunkle Farben verlängern das Wartungsintervall, d. h. sie müssen nicht so oft erneuert werden.

Jede Lasur blättert irgendwann ab, die Renovierungsintervalle sollten nicht so groß sein, dass das Holz darunter Schaden nimmt.

Wenn das blanke Holz hervorblitzt, ist es höchste Zeit für einen Renovierungsanstrich.

Lose Farbteile lassen sich effektiv mit feinen Drahtbürsten entfernen. Aber bitte immer in Längsrichtung arbeiten, um das Holz nicht unnötig zu verkratzen.

A

Schmale Bauteile wie Fensterrahmen lassen sich am besten mit einem Pinsel in passender Breite streichen.

B

Die blaue, ziemlich flüssige Dünnschichtlasur sammelt sich an den waagrechten Kanten. Vor dem Trocknungsprozess sollte dieser Überschuss noch mit einem trockenen Pinsel verstrichen werden.

C

Dickschichtlasuren zeichnen sich durch einen höheren Festkörpergehalt und eine minimale Eindringtiefe aus und können damit fast den Lacken zugerechnet werden. Üblicherweise enthalten sie keine Insektizide, bzw. Fungizide. Dickschichtlasuren werden von Industrie und Handwerk für formstabile Bauteile z. B. Fenster, mit geringen Holzquerschnitten verwendet. Diese quellen oder schwinden in der Regel aufgrund des geschlossenen Lasurfilms kaum bis gar nicht und bilden daher auch keine Risse. Das wiederum verhindert das Eindringen von Schädlingen und die entsprechenden gesundheitsbelastenden Wirkstoffe können entfallen. Wenn der geschlossene Lasurfilm mechanisch verletzt wird, kann sich allerdings unter der Lasurschicht Fäulnis im Holz bilden.

Dickschichtlasuren neigen durch ihre hohe Schichtdicke und geringe Elastizität zum Abblättern, vor allem im bewitterten Außenbereich. Um sie zu erneuern, was alle paar Jahre nötig ist, sollten Altanstriche gründlich angeschliffen und lose Lasurteilchen unbedingt völlig entfernt werden.

Gut zu wissen

Ein Überarbeiten von Dünnschichtlasur mit Dickschichtlasur ist möglich, umgekehrt nicht. Die für Holzwerker auf dem Markt befindlichen Lasuren sind meist eine Mischform aus beiden Lasurarten.

Die Bodenbretter aus Fichtenholz waren zwei Jahrzehnte der Witterung ausgesetzt. Jetzt sollen sie zu ihrem Schutz mit Wetterfarbe behandelt werden. Voraussetzung dafür ist ein gründliches Abschleifen des angewitterten Holzes.

Die Wetterfarbe lässt sich am besten in waagrechtem Zustand mit einer entsprechend breiten Schaumstoffwalze auftragen.

Zweimal aufgetragen, mit der empfohlenen Trocknungszeit dazwischen, dürfte das Holz wieder für mehrere Jahre vor der Witterung geschützt sein.

An einer schwer erreichbaren senkrechten Fläche einer Balkonpfette haben sich deutliche Läufer gebildet. Diese lassen sich im angetrockneten Zustand nicht mehr entfernen. Da hilft nur nochmaliges Überstreichen mit weniger Anstrichmaterial.

Walzen mit geraden Kanten sind für diese Lasierung von Innenecken denkbar ungeeignet.

Besser ist es, die Innenkanten mit einem Pinsel zu streichen.

In der Fläche kann die recht dünnflüssige Lasur am besten mit einer Schaumstoffwalze verteilt werden, ohne dabei die rechtwinklig anstoßenden Seiten zu berühren.

Der Schubladenschrank aus geöltem Kiefernholz sollte ein neues Gewand bekommen. Dazu wurden die Schubladen in unterschiedlichen Tönen einer Lasur auf der Basis von Hartölwachs behandelt.

Der „Vintagelook“ wird perfekt durch Abschleifen der Kanten der getrockneten Lasur. Das Kiefernholz schimmert durch und verleiht der Oberfläche den typischen abgenutzten Look.

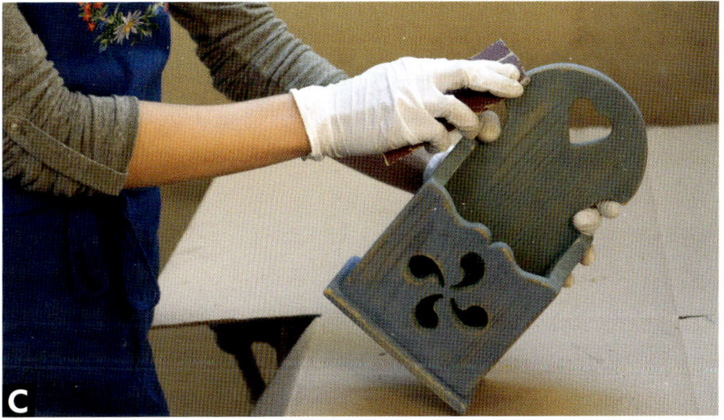

Dieselbe Behandlung erfährt der kleine Kerzenkasten im „Shabby-Chic“. Die blaugrüne Lasur auf der Basis von Milchfarbe wirkt erst durch Abschleifen so richtig alt.

Praxistipp

Lasuren eignen sich besonders für den angesagten „Vintagelook“ bzw. „Shabby-Chic“, da sich Kanten und einzelne Stellen wieder problemlos aufs blanke Holz herunter schleifen lassen.

Kapitel 6

Öl

Die besonders schöne Maserung dieses massiven Gewürzregals aus Kirschbaumholz kommt mit Öl am besten zu Geltung.

Holzkämme, die mit Haut und Haar in Berührung kommen, werden am besten geölt.

Warum ölen?

Holzoberflächen mit Naturölen zu behandeln gilt als besonders umweltfreundlich und gesundheitlich unbedenklich. Öle bieten dem Holz Schutz vor mechanischer Beanspruchung, schützen vor Kratzern und Flecken. Sie unterstreichen den Holzcharakter, in dem sie die Holzmaserung betonen. Ohne eine künstliche Schicht auf der Holzoberfläche zu hinterlassen, entfalten sie ihre Schutzwirkung, da Öl im Gegensatz zu Lack und Wachs in Holz eindringt. Und da Öl nicht filmbildend ist, kann das behandelte Holz weiter „atmen". Geölte Holzflächen bleiben diffusionsoffen, d. h. das Holz nimmt Feuchtigkeit aus der Luft weiterhin auf und gibt sie auch wieder ab. Das wirkt sich ausgleichend auf jede Raumatmosphäre aus. Ein weiterer Vorteil ist, dass geölte Oberflächen sich im Vergleich zu lackierten nicht statisch aufladen. All diese positiven Eigenschaften schließen allerdings nicht aus, dass auch natürliche Materialien Allergien auslösen können (siehe Ölsorten Glossar).

Seit wann wird Holz geölt?

Öle werden seit Jahrtausenden zur Oberflächenbehandlung eingesetzt. Seitdem mit Holz gebaut wird, wussten die Menschen auch, wie sie seine Widerstandsfähigkeit und Haltbarkeit erhöhen konnten. Heute ist bekannt, dass bereits 2900 v. Chr. pflanzliche Öle oder Harze wie Myrrhe (Harz von Balsambaum-Gewächsen), Weihrauch (luftgetrocknetes Gummiharz des Weihrauchbaums) und Ölhefe (Rückstände von Ölmühlen) als Holzschutz verwendet wurden. Und im alten Griechenland hat man

Der warme, natürliche Farbton geölter Möbel macht sie so wohnlich, das geölte Holz kann weiter „atmen" und fühlt sich angenehm an.

schon Brückenkonstruktionen in Olivenöl getränkt, um sie haltbarer zu machen. Heute nutzt man andere Methoden, da Olivenöl ein nicht trocknendes Öl und daher für die Holzoberflächenbehandlung nur bedingt geeignet ist. Mehr dazu erfahren Sie im Abschnitt „Wie wird Öl qualifiziert?".

Was sind Öle?

Öle sind per Definition Flüssigkeiten, die sich nicht mit Wasser mischen lassen. Sie werden aus ölhaltigen Pflanzensamen oder Ölfrüchten durch Pressen und Extrahieren gewonnen. Die anschließende Raffinierung reinigt sie und macht sie verarbeitungsfähig.

Es gibt pflanzliche, tierische, mineralische und synthetische Öle. Für die Holzoberflächenbehandlung werden in der Regel pflanzliche Öle verarbeitet, die dazugehörigen Verdünnungen haben oft eine mineralische Basis.

Das rohe Holz wird beim ersten Ölanstrich besonders satt eingelassen.

Wie wirkt sich Öl auf Holz aus?

Massivholz, das immer „arbeitet", d. h. je nach Luftfeuchtigkeit und Temperatur quillt oder schwindet, eignet sich besonders für eine Oberflächenbehandlung mit Öl. Da auch getrocknetes Öl elastisch bleibt, sind trotz des „Arbeitens" des Massivholzes keine Risse im getrockneten Ölbereich zu befürchten. Öle dringen, vor allem leicht angewärmt, ca. 1/10 mm tief in Holz ein. Das ist auf alle Fälle deutlich tiefer als bei Lack und Wachs. Sie können so „in der Tiefe" ihre Schutzwirkung entfalten. Je nach Ölgemisch, Holzsorte , Faserrichtung und Verarbeitungstemperatur kann die Eindringtiefe schwanken. Bei Hirnholz, also dem Querschnitt der Holzfasern sind die hygroskopischen Fähigkeiten des Holzes erheblich höher als parallel zur Holzmaserung. Hier kann Öl bis zu mehreren mm eindringen. Dadurch wird die Eigenfarbe des Holzes stärker hervorgehoben als an den übrigen Seiten.

Am Hirnholz sollte man wegen der Röhrenstruktur der Holzfaser besonders viel Öl auftragen, sie saugt besonders stark.

Nach dem Trocknen des Öls sieht Hirnholz immer noch viel „trockener" aus als die geölten Holzflächen. Dort sollte auch beim 2. Ölauftrag mehr aufgebracht werden, damit sich die Kapillaren füllen.

Verschiedene Öle wurden in kleine Dosierflaschen gefüllt, um ihre unterschiedliche Eigenfarbe zu zeigen. Der Grad der Anfeuerung des Holzes ist unabhängig von der Eigenfarbe des Öls.

Das Musterbrett ist mit diversen Furnieren belegt, die, obwohl sie mit demselben Öl eingelassen werden, unterschiedlich stark angefeuert werden.

Was ist der sogenannte Anfeuerungseffekt?

Geöltes Holz wirkt immer satter, wärmer und damit gelblich bis rötlicher als unbehandeltes Holz. Die sogenannte „Anfeuerung" entsteht durch das Füllen der Holzfasern mit Öl, die Fasern werden durchsichtiger. Die Lichtbrechung erfolgt dann nicht mehr unmittelbar auf der Holzoberfläche, sondern etwas darunter. Dadurch wirkt das Holz dunkler, bzw. es wird die Holzmaserung, das Holzbild verstärkt. Dieser sogenannte „Anfeuerungseffekt" kann je nach Holz und Ölsorte unterschiedlich stark sein. Öl feuert immer stärker an als transparenter Lack oder farbloses Wachs.

Gut zu wissen

Wer geöltes Holz unbehandelt erscheinen lassen möchte, kann das nur mithilfe von weißen Pigmenten erreichen. Wenn man dem Öl ca. 1–3 % Weißpigment beimischt, wird das Holz weitgehend seine Naturfarbe behalten und in der Folgezeit nicht so stark nachdunkeln.

Das neue Eichenholz ist links im Bild leicht weiß pigmentiert geölt, in der Mitte unbehandelt und rechts mit farblosem Öl behandelt.

Das Jahrzehnte alte Eichenbrett hat dieselbe Ölbehandlung bekommen, das Ergebnis unterscheidet sich vom neuen Holz aufgrund seiner dunkleren Eigenfarbe.

Gut zu wissen

Mit Öl behandelte Oberflächen sind, wenn sie satt genug eingelassen werden, wasserabweisend, aber nicht wasserfest. Wenn Flüssigkeiten längere Zeit darauf verbleiben, gibt es immer Flecken, die dann weggeschliffen und die Ölbehandlung erneuert werden muss.

Der Wasserrand auf dem Lärchendielenboden ist durch länger stehen gebliebenes Wasser unter einem Stuhlbein entstanden. Um den Fleck zu beseitigen, müsste man die Dielen anschleifen und neu einölen.

Hier hat ein WC-Reiniger seine bleichende Wirkung auf dem mit Hartwachsöl behandelten Waschtisch aus Buchenholz entfaltet. Eine Renovierung dürfte kompliziert sein, da nicht nur der Ölüberzug aufgelöst ist, sondern auch das darunter liegende Holz gebleicht wurde.

Welche Öle sind für die Oberflächenbehandlung von Holz geeignet?

Für die Holzoberflächenbehandlung sollte man immer trocknende bzw. abbindende Öle verwenden. Sie härten aufgrund eines hohen Gehaltes an mehrfach ungesättigten Fettsäuren während des Trocknungsprozesses an der Luft, verharzen, werden fest und damit widerstandsfähig. Diese Fettsäuren (Linol- und Linolensäure) nehmen rasch Sauerstoff aus der Luft auf und verketten sich zu einem festen, zäh elastischen Film im Holz.

Nichttrocknende Öle, beispielsweise Olivenöl, reagieren nicht mit Sauerstoff, verharzen viel zu langsam und ziehen dadurch zu tief ins Holz ein. Die Oberfläche ist schon nach kurzer Zeit wieder ungeschützt. Außen fühlt sich das geölte Holz aber immer fettig an, hält Staub fest und führt schnell zu einer unansehnlichen Oberfläche. Außerdem riecht es, da es nicht trocknet, mit der Zeit ranzig.

Wie wird Öl qualifiziert?

Die Trocknungseigenschaften von Ölen werden mit der Iodzahl (IZ) gemessen. Die Iodzahl ist die Masse an Iod in g, die von 100 g Öl gebunden wird.

Öle werden unterteilt in

- nichttrocknende Öle mit einer Iodzahl von unter 100, Beispiel: Olivenöl
- halbtrocknende/schwach trocknende Öle mit einer Iodzahl von 100–150, Beispiel: Sonnenblumenöl
- trocknende Öle mit einer Iodzahl von über 150, Beispiel: Leinöl

Die jeweiligen Iodzahlen sind, soweit mir bekannt, im Ölsorten Glossar aufgeführt.

Diese natrurreinen Öle kommen ohne Sikkative aus. Tung- und Leinöl sind schnell trocknende Öle, Mohnöl dagegen trocknet sehr langsam und Kamelienöl zählt zu den nicht trocknenden Ölen.

Diverse ungefärbte Öle und Ölgemische von hell bis dunkel, von klar bis getrübt wurden zu Testzwecken in kleine Dosierflaschen gefüllt.

Praxistipp

Leinölartig trocknende Öle sind rein und ungemischt für die Behandlung von Bodendielen ungeeignet, da sie das Holz aufquellen lassen. Das aufquellende Leinöl presst überschüssiges Öl während der Trocknung in die Fugen, die dort als „Pfützen“ stehen bleiben.

Bei den trocknenden Ölen wiederum wird zwischen leinölartig und mohnölartig trocknend unterschieden.

- Leinölartige Öle trocknen rasch und weichen im ausgehärteten Zustand in organischen Lösungsmitteln nicht mehr auf. Sie dehnen sich während des Trocknungsprozesses aus und lassen dadurch das Holz aufquellen. Beispiele sind Lein- und Holz- bzw. Tungöl.
- Mohnölartig trocknende Öle wie Mohn-, Nuss-, Hanföl, Sonnenblumen- und Sojaöl trocknen nur langsam. Sie bleiben nach dem Erhärten elastisch und können deswegen mit bestimmten organischen Lösungsmitteln wieder angelöst werden. Sie dehnen sich nicht so stark aus wie die leinölartig trocknenden Öle.

Gut zu wissen

Die Trocknungseigenschaften bzw. Iodzahlen sagen nichts über die Zeitspanne aus, in der ein Öl trocknet.

Auch ein sehr gut trocknendes Öl wie Leinöl, kann, wenn es nicht entsprechend behandelt oder mit Trockenstoffen versetzt wurde, mehrere Wochen bis zur völligen Durchtrocknung benötigen.

Halbtrocknende, bzw. nicht trocknende Öle werden nie ganz trocken. Daher sind sie zwar in Ölgemischen zu finden, da sie über viele positiven Eigenschaften verfügen wie z. B. guten Geruch und hohe Elastizität. Sie allein auf Holz anzuwenden, ist in den meisten Fällen nicht sinnvoll, sie könnten ranzig werden und weisen eine geringe Endhärte auf. Nur wenig beanspruchte Gegenstände wie Kunsthandwerk, Gedrechseltes und Küchenutensilien kommen für die Behandlung mit nicht trocknenden Ölen in Betracht.

Wie wichtig ist die Viskosität?

Wirklich ausschlaggebend für die Qualität von Öl und Ölgemischen ist seine Viskosität. Sie steht im direkten Zusammenhang mit dem Eindringvermögen in die Holzoberfläche. Ist das Öl zu dick, kann es sich nicht mit der Holzstruktur verbinden und bleibt klebrig, ist es zu dünn, bzw. zu stark verdünnt, bleiben zu wenig schützende Inhaltsstoffe im Holz, weil zuviel verdunstet. Die Ölhersteller kaufen ihre Öle in unterschiedlichen Viskositätsstufen (gemessen in der Einheit Pa·s) bei Rohöllieferanten. Durch Verkochen, Mischen, sonstiger Behandlung und passender Verdünnung der Öle miteinander erreichen sie dann die optimale Viskosität für den Endverbraucher.

Was tun, wenn das Öl dick wird?

Wahrscheinlich hat jeder Holzwerker schon einmal erlebt, dass das untere Drittel in seiner Öldose, vor allem, wenn sie länger unbenutzt herumgestanden hatte, dicker geworden ist. Die Viskosität ist nicht mehr optimal. Wenn es nur daran liegt, dass der Feststoffanteil höher geworden ist, weil das empfohlene Umrühren unterblieben ist und auch Lösemittel verdunstet sind, kann man das Gemisch mit etwas Zugabe der passenden Verdünnung (meistens ist Balsamterpentinöl empfehlenswert) wieder besser verarbeitbar machen.

Wenn aber der Ölrest schon zu gelieren begonnen hat, hilft auch Verdünnen nichts mehr, der Rest ist unbrauchbar geworden und sollte entsorgt werden. Das Ölgemisch hat dann in der Dose schon begonnen auszuhärten. Meistens liegt es daran, dass das in der Dose verbliebene Öl mit Sauerstoff in Verbindung gekommen ist, sei es, weil sich die Dose nicht mehr richtig schließen lässt oder sich einfach volumenmäßig mehr Luft als Öl in der Dose befindet.

Praxistipp

Wenn Sie sichergehen wollen, dass Sie ihre Ölreste auch nach längerer Pause noch benutzen können, füllen Sie sie in ein kleineres Gefäß mit möglichst wenig Luft darin um, z. B. in ein Marmeladeglas. So verhindern Sie ein vorzeitiges Aushärten des Öls. Vergessen Sie aber auf keinen Fall, das Glas entsprechend zu beschriften!

Wie werden Öle angeboten?

Einige Ölsorten werden ungemischt verkauft, vor allem wenn es sich um „traditionelle" Öle wie Leinöl handelt. Die „Puristen" unter den Holzhandwerkern ziehen diese reinen Öle vor, um genau nachvollziehen zu können, womit sie bzw. ihr Möbel in Kontakt kommt. Auch für Allergiker ist bei der Anwendung reiner Öle eher nachvollziehbar, ob sie Allergie auslösende Komponenten enthalten. Allerdings sind nur wenige Öle wirklich für die alleinige Holzoberflächenbehandlung geeignet. Leinöl und Safloröl kommen da noch am ehesten in Betracht, wobei Safloröl wesentlich teurer als Leinöl ist. Alle anderen Öle vermischt man besser nach entsprechenden Rezepten miteinander, um ihre Eigenschaften optimal zu kombinieren. Tungöl beispielsweise weist eine doppelt so hohe mechanische Widerstandsfähigkeit und Wasserresistenz wie Leinöl auf. Rein aufgetragen auf Holz neigt es aber zur Runzel- und Rissbildung. Erst in der Kombination mit anderen Ölen kommen seine positiven Eigenschaften zur Geltung.
Die meisten Hersteller bieten also aus gutem Grund Ölgemische aus verschiedenen Ölsorten an. Sie kombinieren die unterschiedlichen Trocknungs-, Elastizitäts- und Härteeigenschaften mehrerer Öle so miteinander, dass je nach Verwendungszweck und Holzbeschaffenheit passende Universal- bzw. Spezialöle entstehen. Eine freiwillige Volldeklaration der Inhaltsstoffe, die es dem Anwender möglich machen würde, sich über die Bestandteile und ihre gesundheitsfördernde oder evtl. schädliche Wirkung zu informieren, wird leider meist nur von den Ökoherstellern geboten.

Öle und Ölgemische sind in unterschiedlichsten Gebinden, Größen und Zusammensetzungen auf dem Markt.

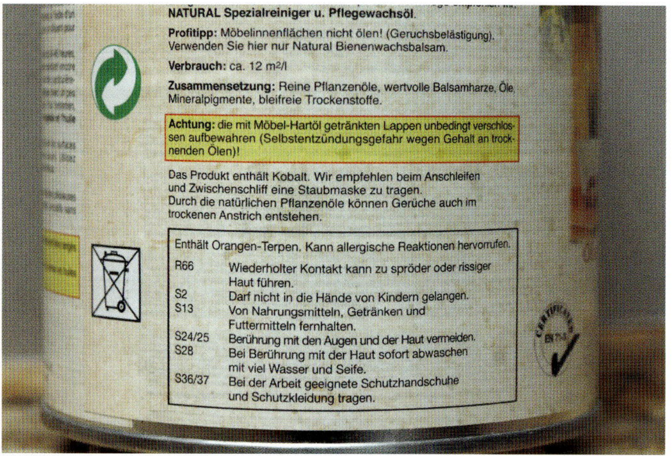

Vor allem auf den Verpackungen von Naturölen ist eine Volldeklaration ihrer Inhaltsstoffe zu finden.

Praxistipp

Wenn Sie genau wissen wollen, woraus Ihr Ölgemisch besteht, wählen Sie Firmen, die die Inhaltsstoffe ihrer Ölgemische in einer Volldeklaration angeben. Diese Produkte sind in den meisten Fälle gesundheitlich unbedenklicher und hochwertiger als solche, deren Inhaltsstoffe nur vage umschrieben werden wie z. B. „veredelte Naturöle"

Was ist Hartöl?

Hartöl, wie viele Firmen ihr Ölgemisch nennen, ist ein Marketingbegriff für den besseren Verkauf dieses Produkts. Der Begriff „hart" ist dennoch richtig, weil Hartöl die Oberfläche von behandeltem Holz wirklich härter und damit widerstandsfähiger gegen mechanische und chemische Einflüsse macht. Einerseits bezieht sich das „Hart" auf den Prozess des Aushärtens der verwendeten Öle, andererseits auch auf den Zusatz von verschiedenen Baumharzen wie Kiefernharz (Kolophonium) oder Laubbaumharz (Dammar), die das getrocknete Öl härten. Hartöl eignet sich besonders für stark beanspruchte Flächen wie Fußböden und Arbeitsplatten.

Eine stark beanspruchte Buchen-Küchenarbeitsplatte wird hier mit Hartöl eingelassen.

Welche Zusatzstoffe sind sinnvoll?

Die Trocknung reiner Öle kann mehrere Wochen dauern. Um den Prozess zu beschleunigen, werden den Ölen Sikkative, d. h. Trockenstoffe beigemischt. Sie reduzieren die Oberflächentrocknung auf 12–24 h Früher verwendete man giftige Blei- und Bariumseifen, heute sind es Zirkonium-, Kobalt-, Calcium-, Mangan- und Eisenverbindungen. Auch diese können problematisch sein. So steht das Schwermetall Kobalt, das konventionelle Ölhersteller verwenden, unter dem Verdacht, krebserregend zu sein. Allerdings handelt es sich dabei um modifiziertes Kobaltsalz, dessen Menge und Verbindung mit anderen Stoffen ausschlaggebend für seine Toxizität ist. Meistens kommt es in geringen Mengen zum Einsatz, „dass die Kobalttrockenstoffe nach heutigem Stand der Technik nicht krebserregend sind" (Zitat der Firma Auro). Manche Ökohersteller gehen der Diskussion um Kobalt dadurch aus dem Weg, indem sie kobaltfreie Manganverbindungen als Trockenstoffe ihren Ölgemischen beimischen. Problematisch daran wiederum ist, dass die Zusammensetzung der durch Amine modifizierten Manganverbindungen dem Anwender nicht offengelegt wird. Es gibt im Bereich der Sikkative keine Volldeklaration und die gesundheitliche Unbedenklichkeit von kobaltfreien Trockenstoffen kann auch nicht garantiert werden.

Gut zu wissen

Die Bezeichnung „kobaltfrei" ist an sich noch keine Garantie für die gesundheitliche Unbedenklichkeit eines Ölgemisches!

Wie lange sollen geölte Flächen trocknen?

Trotz der beschleunigten Trocknung durch Sikkative sind geölte Flächen erst nach 7–10 Tagen bis in die Tiefe ausgehärtet und damit uneingeschränkt benutz- bzw. begehbar. Der vollständige Oberflächenschutz der behandelten Holzfläche ist erst nach dieser Wartezeit gewährleistet.

Geölte Flächen, die begangen werden (Treppenstufen und Fußböden) benötigen mehr Zeit zum Trocknen als andere Flächen. Bei zu früher Begehung kann es zu Benutzungs- bzw. Fußspuren kommen. Außerdem sollte man vor dem vollständigen Aushärten die geölten Flächen nicht dauerhaft bedecken, z. B. mit Teppichen oder Möbelstücken, da durch mangelhaften Sauerstoffaustausch die Trocknung verzögert werden kann.

Wenn Wasser auf noch nicht ausgehärtetes Öl trifft, gibt es unschöne Flecken.

Gut zu wissen

Besonders wichtig ist, dass das Öl ausgehärtet ist, bevor es zu einem Kontakt mit Wasser oder anderen Flüssigkeiten kommt. Stehendes Wasser kann ein nicht ausgehärtetes Öl quellen lassen. Die Ungeduld des Anwenders ist leider oft der Grund für zu schwach wirkende Öloberflächen, bzw. für Flecken.

Der alte, massive Fichten Dielenboden wurde abgeschliffen und mehrfach mit Hartwachslöl behandelt.

Was verbessert die Eigenschaften von Öl?

Sogenannte Standöle werden auf über 260° unter Luftabschluss erhitzt. Dadurch erhöht sich die Viskosität, sie trocknen schneller und vergilben weniger als nicht erhitzte Öle. Die Hitze beseitigt auch unerwünschte Rückstände, die Öle werden so gereinigt. Außerdem erhöht sich die Beständigkeit gegenüber Feuchtigkeit und Bewitterung. Vor allem aus Lein- und Tungöl werden Standöle hergestellt.

Einen ähnlich positiven Effekt bewirkt das Einblasen von Sauerstoff in Öl. Standöle, geblasene Öle und anderweitig chemisch eingedickte Öle werden unter dem Begriff „Dicköle“ zusammengefasst.

Wie werden Öle verdünnt?

Die meisten Öle müssen zur Verbesserung ihrer Eindringtiefe verdünnt werden. Ökohersteller verwenden dazu natürliches Terpentin und Isoparaffine bzw. Isoaliphate. Obwohl natürlichen Ursprungs, kann Terpentin aufgrund seines Gehaltes an ätherischen Ölen, hautreizend sein.

Die konventionellen Hersteller verdünnen Öle mit Testbenzin und Isoparaffin. Das hochgereinigte Testbenzin ist dasselbe wie Kristallöl und hört sich für den Anwender eher „ungesund“ an. Es ist aber so hautfreundlich, dass es im Kliniken zum Entfernen von Kleberresten auf Haut verwendet wird.

Gut zu wissen

Ob „öko“ oder „konventionell“, die Verdünnungen von Ölgemischen werden als gesundheitlich unbedenklich bezeichnet, können aber dennoch Allergie auslösend sein.

Trotz seiner Natürlichkeit kann Orangenöl bei Hautkontakt allergische Reaktionen auslösen. Das X bedeutet „reizend“.

Was ist der Unterschied zwischen einem Lösemittel und einer Verdünnung?

Lösemittel lösen feste Stoffe, z. B. Harze an und verflüssigen sie. Sie dienen auch der Verdünnung, in dem sie ein Ölgemisch flüssiger, bzw. viskoser einstellen. Eine Verdünnung dagegen kann nur ein fertiges bereits flüssiges Gemisch noch stärker verdünnen. Außerdem benötigen Verdünnungen wie Isoaliphate ca. 40 Min, bis sie vollständig verdunsten. Sie sind daher für die Verarbeitung von Ölgemischen von Vorteil, da man länger Zeit hat, das Öl auf der Holzoberfläche gleichmäßig zu verteilen, bevor die Verdünnung verdunstet und das Ölgemisch auszuhärten beginnt. Durch die längere Vedunstungsphase kann das Öl besser ins Holz eindringen und es ausreichend sättigen. Als Verdünnung im Ölbereich werden meistens Isoaliphate eingesetzt, die aus Erdöl gewonnen werden. Nun gibt es manche Ökohersteller, die Produkte aus Erdöl für ihre Ölgemische aus Prinzip ablehnen. Sie verwenden dann die natürlichen Lösungsmittel Balsamterpentin und Orangenschalenöl. Neben der evtl. Reizwirkung auf die Schleimhäute der Anwender haben diese den Nachteil, dass sie nur eine kurze offene Zeit haben, was bedeutet, dass diese Ölgemische möglichst zügig verteilt werden müssen. Bereits nach kurzer Zeit ist das Lösungsmittel verdunstet und es beginnt die Aushärtung des Ölgemisches.

Gut zu wissen

Lösemittel wie Balsamterpentin und Orangenschalenöl lösen Harze an und verflüssigen sie. Wenn sie als Verdünnung eines Ölgemisches verwendet werden, beträgt ihre offene Zeit nur ca. 10 Minuten. Solche Ölgemische müssen daher zügiger verarbeitet werden, als solche, die mit Isoaliphaten verdünnt sind.

Wie hoch ist der Festkörpergehalt?

Entscheidend für die Wirkung und den Zweck eines Ölgemisches ist sein Festkörpergehalt. Darunter versteht man die Stoffe (Öle, Harze plus Sikkative), die nach dem Verdunsten der Lösungsmittel im Holz verbleiben. Der Festkörpergehalt in Ölgemischen schwankt zwischen 15 % und 100 % je nach Anwendungszweck und Firmenphilosophie. Der Begriff „High Solid“, der so oft in diesem Zusammenhang auftaucht, deutet auf einen besonders hohen Festkörpergehalt hin. Manche Firmen bezeichnen ihr Öl bereits als High Solid Produkt, wenn der Festkörpergehalt zwischen 50–60 % liegt, andere erst ab 90 %. Entscheidend ist, wieviel Festkörper die Fasern der jeweiligen Holzsorten aufnehmen können und dazu muss das Verhältnis Öl – Verdünnung stimmen, denn Öle mit hohem Festkörpergehalt sind nicht für alle Hölzer gleichermaßen geeignet. Einheimische Weich- und Harthölzer können in der Regel mit jedem Festkörpergehalt behandelt werden, es sei denn, der Hersteller schließt bestimmte Holzsorten aus.

Es soll allerdings jetzt nicht der Eindruck entstehen, als ob die Konzentration der Festkörper das alleinige Qualitätsmerkmal eines Ölgemisches ist. Öl und Holz sollten möglichst gut zusammenpassen, so empfehlen beispielsweise manche Hersteller ihr High Solid Öl bei der Anwendung auf besonders dichten Holzsorten zu 20 % zu verdünnen. Seriöse Firmen machen meist genaue Angaben, welches Ölgemisch optimal zu welchen Holzsorten passt. Halten Sie sich möglichst daran und fragen im Zweifelsfall bei den Technikern dieser Firmen nach!

Gut zu wissen

Der Preis eines Ölgemisches ist abhängig vom Festkörpergehalt. Billige Öle sind meistens einfach stärker verdünnt und müssen daher öfter aufgetragen werden, um den notwendigen Schutz zu bieten.

Was sind Pflegeöle?

Wenn der Festkörpergehalt in einem Ölgemisch mit 15 – 30 % besonders niedrig ist, handelt es sich um sogenannte Pflegeöle, die als Auffrischung bereits geölter Flächen gedacht sind. Der typische Ölgeruch verflüchtigt sich bei niedrigem Festkörpergehalt schneller, was auch für ihre Anwendung in Innenbereichen von Möbeln spricht.

Schränke innen sollte man, wenn mit Öl, nur mit geringem Festkörpergehalt behandeln, um keinen dauerhaften Ölgeruch zu bekommen. Pflegeöle haben einen Festkörpergehalt von 15–30 %.

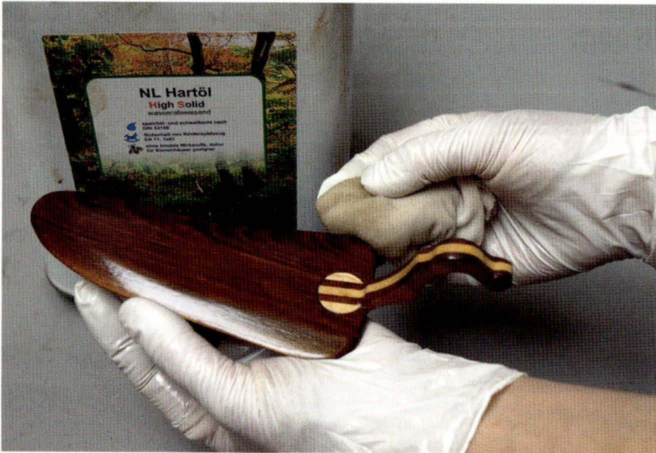

High Solid Hartöl mit seinem hohen Festkörpergehalt ist für die Behandlung stark beanspruchter Holzflächen besonders geeignet. Hier wurde ein Tortenheber aus Nussbaum mehrfach damit eingelassen, um ihn widerstandsfähig gegen Wasser, färbende Lebensmittel und Spülmittel zu machen.

Praxistipp

Bei stark saugenden Holzarten und stark beanspruchten Oberflächen (Arbeitsplatten, Esstisch, Fußböden) ist die Sättigung der Holzfaser besonders wichtig. Wenn also schon kurz nach dem ersten Ölauftrag kein Ölüberschuss mehr auf der Fläche „steht“, sollten Sie so lange nass in nass (max. 30 Min) Öl auftragen, bis das Holz nichts mehr aufnimmt. Nach der empfohlenen Wartezeit müssen Sie wie üblich selbst geringe Überschussmengen entfernen, um die Trocknung nicht zu behindern. Sonst versulzt das auf der Fläche verbleibende Öl und bleibt über lange Zeit klebrig.

Das „sonnengegerbte“ Fichten furnierte Brett links und das blasse, neue Fichtenleimholz rechts werden satt mit Öl eingestrichen.

Nach der empfohlenen Wartezeit müssen Überstände unbedingt abgenommen werden. Verbleibendes Öl auf der Holzfläche, das nicht eingezogen ist, härtet normalerweise klebrig aus.

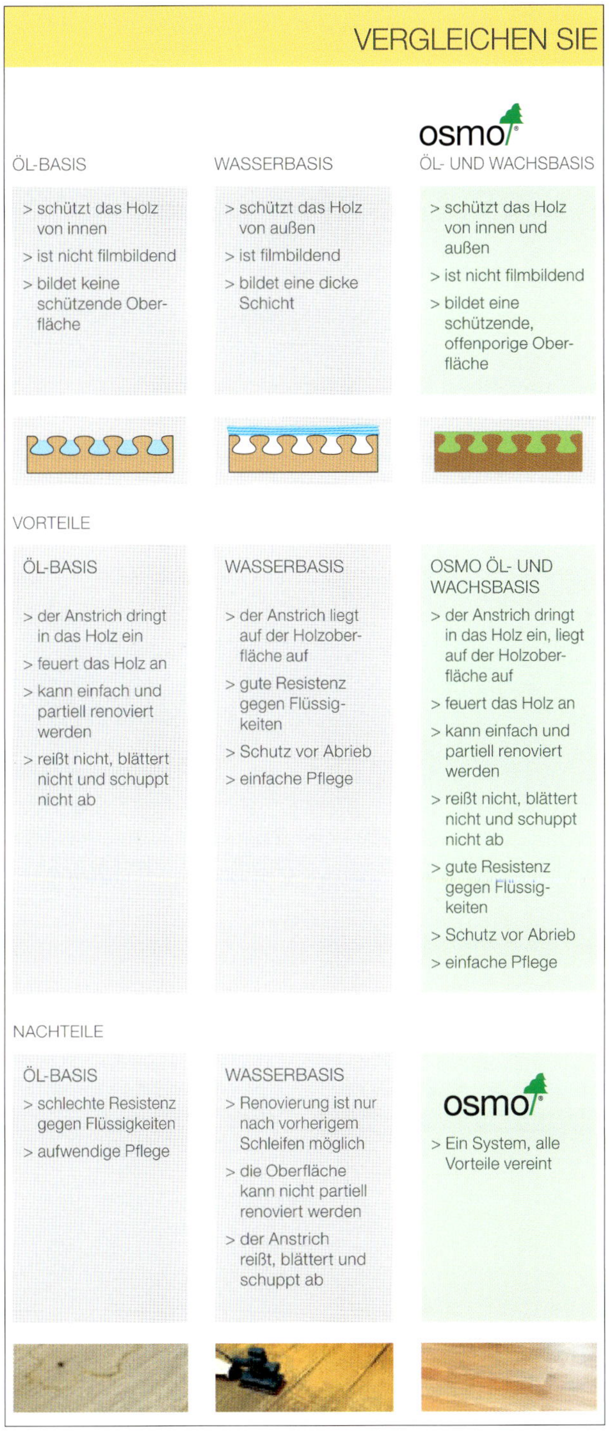

VERGLEICHEN SIE

ÖL-BASIS	WASSERBASIS	osmo ÖL- UND WACHSBASIS
> schützt das Holz von innen > ist nicht filmbildend > bildet keine schützende Oberfläche	> schützt das Holz von außen > ist filmbildend > bildet eine dicke Schicht	> schützt das Holz von innen und außen > ist nicht filmbildend > bildet eine schützende, offenporige Oberfläche

VORTEILE

ÖL-BASIS	WASSERBASIS	OSMO ÖL- UND WACHSBASIS
> der Anstrich dringt in das Holz ein > feuert das Holz an > kann einfach und partiell renoviert werden > reißt nicht, blättert nicht und schuppt nicht ab	> der Anstrich liegt auf der Holzoberfläche auf > gute Resistenz gegen Flüssigkeiten > Schutz vor Abrieb > einfache Pflege	> der Anstrich dringt in das Holz ein, liegt auf der Holzoberfläche auf > feuert das Holz an > kann einfach und partiell renoviert werden > reißt nicht, blättert nicht und schuppt nicht ab > gute Resistenz gegen Flüssigkeiten > Schutz vor Abrieb > einfache Pflege

NACHTEILE

ÖL-BASIS	WASSERBASIS	osmo
> schlechte Resistenz gegen Flüssigkeiten > aufwendige Pflege	> Renovierung ist nur nach vorherigem Schleifen möglich > die Oberfläche kann nicht partiell renoviert werden > der Anstrich reißt, blättert und schuppt ab	> Ein System, alle Vorteile vereint

Hier erläutert eine bekannte Firma recht anschaulich, wie sich eine Hartölwachsschicht von einem klassischen Ölüberzug und einem Lackfilm unterscheidet.

Was ist Hartwachsöl?

Unter Hartwachsöl oder Hartölwachs versteht man ein Gemisch von Ölen, Trockenstoffen, Lösemitteln mit ca. 5 % Wachsanteil. Einigen Herstellern ist es durch diese Kombination gelungen, die guten Eigenschaften von Öl und Wachs zu verbinden. Diese Mischung dringt in die Holzfasern ein und bildet trotzdem aufgrund des Wachsgehaltes eine offenporige, atmungsaktive, dünne, leichte Schicht auf der Holzoberfläche. Der Schutz vor Wasser- und sonstigen Flecken ist sehr gut und es wird besonders für stark beanspruchte Holzoberflächen wie Fußböden und Arbeitsplatten empfohlen.

Auch bei Hartwachsöl schwankt der Festkörpergehalt je nach Hersteller, liegt aber meistens bei ca. 50–60 % (vgl. Abschnitt „Wie hoch ist der Festkörpergehalt?“, Seite 99).

Man sollte sich aber auch darüber im Klaren sein, dass es sich hierbei nicht um ein reines Naturprodukt handelt. Der Wachsanteil von 5 % ist in der Regel synthetisch, besteht aus Paraffinen und Alkydharzen (modifizierten Pflanzenölen). Diese ermöglichen die typische schnelle Durchtrocknung von Hartwachsöl.

Dagegen setzen bestimmte Naturölhersteller auf die zeitliche Trennung der beiden Materialien. Das bedeutet, dass zuerst ein gut sättigendes Öl, evtl. mehrmals aufgetragen wird, um in die Tiefe einzudringen und die Holzfasern zu füllen. Nach entsprechenden Trocknungszeiten wird erst als allerletzte Schicht pflanzliches Wachs aufgetragen. Es schließt die Poren und erzeugt eine „griffsympathische“ Oberfläche mit leichtem Glanz. Die Resistenz gegen Flecken dieser völlig natürlichen Oberflächenvariante ist aber in der Regel geringer als bei dem bereits gemischten Hartölwachs. Natürliches Wachs ist leider nicht so widerstandsfähig wie synthetisches Wachs.

Manche Hersteller bieten sogar so schnell trocknendes Hartwachsöl an, das es innerhalb eines Tages mit sehr kurzen Trocknungszeiten in zwei Schichten aufgebracht werden kann. Solche „Rapid“-Produkte sind in erster Linie für Profis gedacht, die beispielsweise einen Fußboden wieder schnellstmöglich begehbar machen wollen und sollen. Für den Holzwerker kann durch die schnelle Trocknung dieser Produkte die Zeitspanne für einen gründlichen Auftrag zu kurz sein. Außerdem sind die Trockenstoffe in diesem Fall auch recht aggresiv.

Holzwerker sollten besser klassische Hartölwachse mit einer etwas längeren Trocknungszeit verwenden, um für den Auftrag ausreichend Zeit zu haben.

Praxistipp

Das bei einer Ölbehandlung üblicherweise notwendige Abwischen des Überstands kann bei Hartwachsöl nach dem ersten Auftrag entfallen, da es ja eine Schicht bilden soll. Alle weiteren Aufträge sollten entweder hauchdünn erfolgen oder ein Überstand muss vor der Trocknung abgewischt werden.

Was bedeutet „speichel- und schweißecht“?

Natürliche Öl- und Wachsgemische gelten als besonders verträglich für Mensch und Tier. Wenn Hersteller ihre Produkte für besonders sensible Anwendungen wie den Spielzeug-, Pflege-, und Küchenbereich empfehlen, müssen sie sie von der Handelskammer untersuchen lassen. Die „DIN EN 71-3 “ und „DIN 53-160“ bestätigen, dass ein Gemisch keine Schwermetalle enthält und im ausgehärteten Zustand speichel- und schweißecht ist.

Wenn Sie also beim Ölen und Wachsen ganz sicher sein wollen, besorgen Sie sich das technische Merkblatt ihres Produktes und beachten Sie die Hinweise des Herstellers.

Es ist für den Verbraucher praktisch, wenn eine Firma (hier ASUSO) gleich auf dem Etikett ihres Produktes die getesteten Eigenschaften nach den entsprechenden DIN-Normen auflistet.

Wie sollten Holzflächen beschaffen sein?

Die Vorbereitung der unbehandelten, zu ölenden Holzflächen und -teile erfolgt ähnlich wie bei allen anderen Oberflächenbehandlungen. Die Hersteller empfehlen auch hier eine trockene, saubere, fett- und staubfreie Oberfläche. Dazu kommt, dass Holzflächen chemisch neutral sein sollten, damit Öl, wenn es mit alkalischen Flächen wie frischem, ungehärteten Beton oder Kalkputz in Verbindung kommt, nicht verseift.

Wie wird vor dem Ölen geschliffen?

Hartholz empfehle ich gründlich in der Faserrichtung mit Körnung 120–220 zu schleifen, je nachdem, ob das Ölgemisch dicker oder dünnflüssiger ist. Je dünnflüssiger, um so feiner sollte auch geschliffen werden. Der Naturölhersteller „Natural“ dagegen empfiehlt Hartholzflächen vor der Behandlung mit nicht schichtbildenden Ölen gleich mit einer Körnung von 220 bis 320 (oder Schleifgitter mit Körnung 180) zu schleifen. Der Arbeitsgang wässern kann dann entfallen.

Weichholz empfehle ich mit Körnung 100–150 zu schleifen. Meiner Erfahrung nach werden die Poren durch zu feinen Schliff mit Schleifstaub verschmiert und damit die Ölaufnahme behindert. Auch hier empfiehlt der Naturölhersteller feiner zu schleifen, nämlich mit den Körnungen 180–220 oder einem Schleifgitter mit Körnung 120. Sein Argument ist, dass bei einem 100er Schliff die Zerklüftung der Oberfläche noch so stark ist, dass zuviel Öl in den Riefen stehen bleibt und dieses auch nicht ordentlich abgewischt werden kann.

Weichholz, hier Fichten-Dreischichtholz wird mit Schleifpapier geglättet und so auf die Ölaufnahme vorbereitet. P 120 signalisiert die Körnung, d. h. dieses Schleifpapier schleift mit 120 Schleifkörnern pro qcm.

Hartholz, hier Kirschbaum-Leimholz sollte entsprechend feiner geschliffen werden, hier mit Körnung 180.

Gut zu wissen

Die Feinheit des Schliffs sollte den verwendeten Ölgemischen angepasst werden. Das Holz, das mit schnell trocknenden, dickflüssigen Ölgemischen mit hohem Festkörpergehalt oder einem gewissen Wachsanteil behandelt werden soll, darf „gröber" vorgeschliffen werden. Je dünnflüssiger und reiner ein Ölgemisch ist, je langsamer es trocknet, da es nicht so hohe Sikkativanteile enthält, umso feiner sollte es vorgeschliffen sein.

Grundsätzlich gilt:
Alle Holzflächen müssen einheitlich und gleichmäßig geschliffen sein, d. h. es sollte für zusammenhängende Flächen dieselbe Schleifkörnung verwendet werden. Eine mit z. B. Körnung 100 geschliffene Stelle nimmt mehr Öl auf als eine mit Körnung 120 und erscheint dadurch dunkler.

Vor dem ersten Ölauftrag sollte man den Schleifstaub abblasen, -fegen oder -wischen, am besten ist sogar absaugen. Ein Wässern (ausführlich beschrieben im Kapitel 3, Schleifen, Seite 49) ist nicht zwingend erforderlich, da Ölgemische in der Regel kein Wasser enthalten, was den Aufraueffekt geringer ausfallen lässt. Ein Schaden ist es aber auch nicht, da das feuchte Wischen evtl. noch vorhandene Leimflecken in der zu ölenden Fläche deutlich zeigt und man die Möglichkeit hat, sie noch vor dem Ölen weg zu schleifen.

Welche Temperaturen sind ideal?

Öle sollten nicht unter 12 Grad Lufttemperatur und über 12–14 % Holzfeuchte verarbeitet werden. Die Trocknung verzögert sich sonst stark. Eine Raumtemperatur von ca. 20 °C ist bei der Ölverarbeitung optimal, da die Viskosität und damit Eindringfähigkeit von Ölen stark von ihrer Temperatur abhängig ist. Dabei kann das Öl selber eine Temperatur bis zu 60 °C haben (Öldose in Wasserbad gewärmt). Im warmen Zustand wird es vom Holz besonders gut aufgenommen und trocknet schneller. Vor einer Verarbeitung unter praller Sonne wird dennoch abgeraten! Das Öl trocknet dabei zu schnell, der richtige Aushärtungsprozess wird behindert.

Warum besteht die Gefahr der Selbstentzündung?

Die Aushärtung von Ölen ist ein Oxidationsvorgang, der viel Wärme freisetzt. Je höher der Ölgehalt in einem Gemisch, umso größer ist seine Selbstentzündungsgefahr. Vor allem ölgetränkte Lappen können aufgrund ihrer großen Oberfläche durch diese Hitzeentwicklung zu brennen beginnen. Jedes Jahr gibt es in Deutschland mehrere Brände, ausgelöst durch zusammengeknüllte Öllappen, die auch noch Sonneneinstrahlung ausgesetzt waren.

Ölgetränkte Lappen oder sonstige Auftragsgeräte sollten daher entweder im Freien ausgebreitet getrocknet oder in geschlossenen, nicht brennbaren Behältern aufbewahrt werden.

Praxistipp

Öl trocknet am besten, wenn es bei 20° Lufttemperatur aufgetragen wird. Aber bitte nicht in der prallen Sonne verarbeiten!

Sorgen Sie immer für gute Durchlüftung beim Ölen und Trocknen, vor allem bei größeren geölten Flächen!

Wie werden Öle, bzw. Ölgemische auf ihre Trocknungseigenschaften getestet?

Es gibt keine einheitlichen Verfahren, Öle und Ölgemische auf ihre Beständigkeit zu testen. Die Methoden können von Firma zu Firma variieren. Exemplarisch soll hier die Herangehensweise einer Oberflächenmittelfirma vorgestellt werden, die ihre Gemische hauptsächlich für die Anwendung im Fußbodenbereich produziert.

Für den „Fleckentest" wurden jeweils insgesamt 9 Erlenholzbrettchen den Verarbeitungsanleitungen entsprechend behandelt. Anschließend ließ ich sie 10 Tage trocknen.

Sie wurden mit den exakt gleichen Mengen einer Essig-Ölmischung und Rotwein beträufelt und mit Gläsern abgedeckt. So sind die Bedingungen für die Holzflächen trotz evtl. schwankender Luftfeuchtigkeit und Umgebungstemperatur möglichst gleich.

Es werden mehrere Bretter 300 x 300 mm groß z. B. aus Eichenholz gleich vorbereitet, die hintereinander mit Körnung 40, 60, 100 an der Bandschleifmaschine geschliffen werden. (Der Planschliff erfolgt mit Körnung 100.) Anschließend werden sie gründlich entstaubt und vemerkt, mit welcher Ölsorte sie behandelt werden sollen. Man ölt sie alle mit demselben Verfahren und nach einer halben Stunde werden eventuelle Überschüsse abgenommen. Man lässt die Bretter 10 Tage bei 20° und 55 % Luftfeuchtigkeit trocknen. Dann geht es ans Testen der Fleck- bzw. Wasserbeständigkeit.

Bei den Brettchen der hinteren Reihe blieben die Flüssigkeiten 1 h auf dem Holz, bei der mittleren Reihe 10h und bei der vorderen 24 h. Anschließend wurden sie abgetupft und die Fleckenresistenz der Oberflächenmittel miteinander verglichen. Im Ergebnis schneidet das Hartöl von Natural am besten ab: Links sind keine Flecken erkennbar, lediglich die Oberfläche sieht an der mit Rotwein betupften Stelle matter aus. Die mit High Solid Hartöl von Asuso behandelte mittlere Reihe zeigt nach einer Einwirkzeit von 10 h einen etwas deutlicheren Rotweinfleck als nach 24 h. Das mag an den Unterschieden in der Holzstruktur der jeweiligen Brettchen liegen. Am schlechtesten schneidet die rechte Reihe ab, die mit der Wasser verdünnbaren Holzöllasur von Clou behandelt wurde.

Dazu wird eine genau definierte Menge von Wasser, Sahne, Butter, Rotwein, Kaffee, 40 % bzw. 98 % Alkohol etc. auf die geölten Bretter aufgebracht. Diese Fremdstoffe werden sofort mit Glasschälchen abgedeckt, damit die Einwirkzeit bei allen exakt gleich ist. So verbleiben sie entweder 1 Std., 10 h oder 24 h Nach der jeweiligen Wartezeit werden die Schälchen entfernt, die evtl. noch feuchte Stelle abgetupft und 1h Regenerierungszeit zugegeben. Unter Umständen regeneriert sich die befleckte Stelle in dieser Zeit wieder und der Fleck verschwindet bzw. wird schwächer. Erfahrungsgemäß ist eine Einwirkzeit von fleckerzeugenden Flüssigkeiten nach 1 h unproblematisch, nach 10 h deutlich kritischer und 24 h übersteht fast keine Fläche unbeschadet.

Die Ergebnisse werden in den technischen Merkblättern dokumentiert, wobei es auch hierfür keinen einheitlichen Wortlaut gibt. Begriffe wie gute oder zufriedenstellende Wasser- und Fleckbeständigkeit etc. sind nicht näher definiert und können von Firma zu Firma unterschiedlich ausgelegt werden. Wenn es beispielsweise heißt „Wasser perlt ab", bedeutet das nicht zwangsläufig, das das Oberflächenmittel dauerhaft vor Wasser schützt. Lediglich die Bezeichnung „wasserfest" ist im Ölbereich rechtlich unzulässig, da Öl einfach keine wasserundurchlässige Schicht bilden kann.

Eine Firma auf dem Ökosektor prüft ihre Produkte auch auf Schweiß- und Speichelechtheit (DIN 53160), auf die Migration von Schwermetallen (DIN EN 71 Teil 3) und macht unter anderem Emmissionanalysen nach den Grundsätzen zur gesundheitlichen Bewertung von Bauprodukten in Innenräumen. In der europaweit geltenden REACH-Verordnung werden Stoffe und Gemische eingestuft und müssen entsprechend gekennzeichnet werden. (Näheres zur REACH-Verordnung im Kapitel 10, Wasser, Seite 167)

Wenn DIN-Normen im technischen Merkblatt angegeben sind, sind die Produkte nach festgelegten Mustern getestet worden und dürfen entsprechend klassifiziert werden.

Weitere Tests zeigen, dass wasserbasierte Öllasuren den geringsten Widerstand gegen wässrige Flüssigkeiten bieten. Die umrandeten Stellen waren auch hier jeweils 24 h mit Rotwein beträufelt und zeigen im Vergleich zum Hartwachsöl auf Öl-Wachs-Basis eine wesentlich geringere Fleckenrestistenz.

A

Das rohe Holz, hier eine Kiste aus Kiefernholz, wird gründlich mit Körnung 120 von Hand geschliffen.

Wie und wie oft wird geölt?

Zunächst wird das Holz geschliffen. Eine ausführliche Anleitung für das richtige Schleifen finden Sie im Kapitel 3, Schleifen, Seite 36.

Mit einem flusenfreien Lappen, einer Walze (Mikrofaser oder Schaumstoff), einem Taskischwamm oder einem entsprechend breiten Pinsel wird das Öl oder Ölgemisch im ersten Arbeitsgang satt auf das unbehandelte Holz in Faserrichtung aufgetragen. Bei größeren Flächen (z. B. Fußboden) sparen geeignete breite Werkzeuge viel Zeit: ein Flächenstreicher, ein besonders breiter, flacher Pinsel, eine Fußbodenbürste, ein Flächenspachtel oder eine Mohairrolle. Diese speziellen Auftragswerkzeuge bietet der Fachhandel normalerweise gleich passend zu seinen Produkten an.

B

Der erste Schliff kann auch maschinell erfolgen, sollte aber in der Körnung entsprechend feiner sein, am besten mit Körnung 180.

C

Auch die maschinell gefrästen Rundungen werden gründlich von Hand nachgeschliffen.

D

Abstauben kann man mit einem Besen, Lappen oder Tuch. Verbleibender Staub auf der Holzöberfläche würde sich mit dem Öl verbinden und eine raue, krümelige Oberfläche ergeben.

Der erste Ölauftrag, hier Hartöl, sollte besonders satt sein

Auch mit einem Schwamm, der Öl- und Terpentin resistent ist (Taski), kann das Öl schön gleichmäßig aufgetragen werden.

Nach der empfohlenen Einwirkzeit müssen feuchte Ölüberstände unbedingt mit einem Lappen, am besten aus Baumwolle abgenommen werden. Nicht abgewischtes Öl verharzt auf der Oberfläche und trocknet klebrig auf.

Sofort nach dem ersten Ölauftrag sollte man quer zur Holzrichtung nachstreichen, um das Öl auch zwischen die Fasern zu bringen. Anschließend wird wieder in der Längsrichtung egalisiert. Nach einer Wartezeit (je nach Herstellerangaben 15–60 Minuten) reibt man nicht eingezogenes Öl mit einem trockenen, nicht fusselnden Tuch ab. Das kann auch mit kreisenden Bewegungen geschehen, dadurch wird das Öl noch besser in die Holzoberfläche „eingearbeitet".

Gut zu wissen

Das Abwischen des nicht eingezogenen Öls nach der empfohlenen Einwirkzeit ist notwendig für eine optimale Trocknung der Öloberfläche. Stehenbleibendes Öl verharzt auf und nicht im Holz und hinterlässt eine klebrige Oberfläche.

Die meisten vom Handel angebotenen Öle sind nach ca. 24 h getrocknet und soweit ausgehärtet, dass der zweite Auftrag erfolgen kann. Ein Zwischenschliff mit Körnung 220–320 ist vor jedem erneuten Ölauftrag ratsam, da Öl, auch ohne Wasseranteil, die geschliffenen Flächen aufraut. Die durch das Schleifen ins Holz gedrückten Faserspitzen, die durch den Ölauftrag wieder aufstehen, werden durch den Zwischenschliff „geköpft". Die meisten Hersteller empfehlen 2–3 Ölaufträge mit 1–2 Zwischenschliffen. Nach dem letzten Ölauftrag sollte nicht mehr geschliffen werden, die Oberfläche wird sonst stumpf.

Es gibt auch „Einmal“ Ölgemische, die durch einen erhöhten Festkörper- und Trockenstoffanteil die Holzoberflächen laut Hersteller bei einem Arbeitsgang schon genügend beschichten. In diesem Fall ist es sinnvoll, das evtl. überschüssige Öl mit einem weißen Schleifvlies (bei manchen Herstellern ist es beige), kräftig ins Holz zu polieren. Die entstehende Reibungswärme erhöht die Eindringtiefe, das Pad ebnet gleichzeitig die aufstehenden Holzfasern ein. Dieses Pad ist auch unter der Bezeichnung Reinigungs- oder Polierpad im Handel und hat eine Körnung von über 1000.

Praxisstipp:

Vor jedem weiteren Ölauftrag sollte ein Zwischenschliff mit Körnung 240 bis 320 erfolgen.

„Einmal“ Ölgemische lassen sich nach einem satten Auftrag und der entsprechenden Einwirkzeit mit einem Polierpad kräftig ins Holz massieren. Die Reibungswärme erleichtert das Eindringen des Ölgemisches und ebnet evtl. aufstehende Fasern ein. Nach der vollständigen Durchtrocknung fühlt sich eine so behandelte Holzoberfläche besonders glatt an.

Die Auftragsmöglichkeiten für Öl sind vielfältig. Für größere glatte Flächen empfiehlt sich eine Schaumstoffwalze, für kleinere Flächen ein Schwamm oder Lappen. Erhabene oder profilierte Teile lassen sich am besten mit einem Pinsel bearbeiten. Der feuchte Ölüberstand nach der Einwirkzeit muss bei allen Auftragsarten mit einem Tuch abgerieben werden.

Was hilft bei stark unterschiedlich saugendem Holz?

Massivholz nimmt aufgrund der Kapillarwirkung der Holzfasern Überzugsmittel recht unterschiedlich an. Offene, weite Fasern in breiten Jahresringen nehmen mehr auf als die Fasern eng gewachsener, dichter Jahresringe. Ob es sich um Kern- oder eher Splintholz handelt und wie schräg der Faserverlauf zur Holzoberfläche verläuft, spielt für die Flüssigkeitsaufnahme eine große Rolle (siehe Kapitel 2, Holzeigenschaften, Seite 18). Leimholz, vor allem wenn es eine unruhige Maserung hat, d. h. stark voneinander in Struktur und Faserverlauf abweichende Leisten derselben Holzsorte miteinander verleimt wurden, reagiert auf einen Ölauftrag recht unterschiedlich. Hier empfiehlt es sich, auf die stark saugenden Teile mehr Öl aufzutragen.

Gut zu wissen

Die aufgetragene Ölmenge sollte dem Saugverhalten des Holzes angepasst werden!

A

Hier soll Kirschbaum-Leimholz geölt werden. Da die einzelnen Holzleisten stark voneinander abweichende Faserverläufe und Jahresringabstände aufweisen, saugen sie das Öl recht unterschiedlich auf.

B

Während auf den mittleren Leisten vorne im Bild das Öl noch steht, ist es links schon längst ins Holz eingezogen.

C

In einem solchen Fall sollten die stärker saugenden Holzteile so lange mit Öl bestrichen werden, bis sie nichts mehr aufnehmen.

D

Nach der empfohlenen Einwirkzeit, hier 30 Minuten, werden alle Flächen, egal ob dort noch Öl steht oder schon vollständig eingezogen ist, gut abgewischt. Nur so kann eine einigermaßen gleichmäßige Oberfläche hergestellt werden.

Wie werden geölte Flächen repariert?

Wenn das richtige Öl den Herstellerempfehlungen entsprechend aufgetragen wird, sollte die behandelte Fläche eigentlich längere Zeit vor Flecken geschützt sein. Wenn aber der erste Ölauftrag zu schwach, das Öl ungeeignet oder die Nutzung sehr intensiv sind, kann es doch zu Flecken kommen. Dann muss die Öloberfläche erneuert werden. Je nach Feinheit dieser Oberfläche sollten die Flecken entsprechend weggeschliffen werden. Hartholzfurnier und Hartholz massiv empfehle ich mit Körnung 320, Weichholz mit Körnung 240 zu bearbeiten, um anschließend nach Anweisung des Ölherstellers neu zu ölen.

Das Teakfurnier eines ehemals lackierten Tisches wurde vor einigen Jahren abgeschliffen und geölt. Sei es, dass der Ölauftrag nicht satt genug oder das Öl nicht das geeignet war – nach intensiver Nutzung weist die Tischplatte inzwischen einige Flecken und Kratzer auf.

Zunächst wird das Furnier mit Körnung 320 so lange geschliffen, bis keine Flecken mehr zu sehen sind.

Um den Schleifstaub zu entfernen, kann man auch einen Staubsauger verwenden. Nicht im Bild zu sehen ist, das die gesamte Fläche vor dem Ölen mit Naturharz Terpentin abgerieben wurde. Dieser Arbeitsgang dient der Kontrolle, ob alle Flecken weggeschliffen wurden.

Wenn das Terpentin abgetrocknet ist, kann mit dem Ölen begonnen werden. Hier kommt ein gefärbtes Teak-Pflegeöl zum Einsatz, dass keinen hohen Festkörperanteil aufweist. Ebenfalls nicht im Bild zu sehen ist, dass der Auftrag am nächsten Tag noch einmal wiederholt wurde, da die Oberfläche noch nicht gleichmäßig gesättigt erschien.

Eine Arbeitsplatte aus Buchenmassivholz muss dringend renoviert werden. Sie ist verkratzt und teilweise bis auf das Holz abgenutzt.

Mit einer Schleifmaschine mit Körnung 240 wird die Fläche gleichmäßig so lange geschliffen, bis die Kratzer fast verschwunden und keine Glanzstellen mehr auf der Holzfläche zu sehen sind.

In besonders hartnäckige Kratzer kann man von Hand noch hineinschleifen.

Wenn der Schleifstaub gründlich entfernt ist, kann die Arbeitsplatte wieder mit Hartwachsöl eingelassen werden. Erst nach der Trocknung des ersten Auftrags wird sich zeigen, ob ein zweiter notwendig sein wird. Wenn nämlich der Glanz nicht gleichmäßig ist, manche Stellen noch matter sind als andere, ist ein weiterer, dünner Hartölwachsauftrag sinnvoll.

A

Akazien-Leimholz kann man fertig geölt als Platten im Baumarkt kaufen.

B

Wenn man es nun zu schleifen beginnt, erlebt man eine unangenehme Überraschung: das Splintholz ist viel heller und leuchtet sehr auffällig. Die Hersteller verschweigen bei der Produktbeschreibung, dass ihr Öl farbig pigmentiert ist und jede mechanische Bearbeitung wie Schleifen und Schneiden die extrem hellen Splintbereiche sichtbar macht.

C

Gut, wenn man sich als Holzwerker da zu helfen weiß. Mit 50 % verdünnter Pigmentpaste im Farbton „Palisander“ der Firma Asuso werden die hellen Stellen betupft und anschließend mit Naturharzterpentin gut verteilt und abgerieben.

D

So behandelt müsste das „Überraschungsholz“ wieder seinen ursprünglichen, geölten Farbton zurückbekommen.

Wie werden geölte Flächen gepflegt?

Geölte Flächen bedürfen einer speziellen Pflege. Die üblichen Haushaltsreiniger können zu scharf sein und das Öl anlösen. Auch die eigentlich universellen Mikrofasertücher sind mit ihrer stark schmutzlösenden Struktur für geölte Flächen zu intensiv. Sie bestehen aus winzigen Häkchen, die den Schmutz von glatten Oberflächen wegnehmen. Da eine geölte Fläche aber nicht total glatt ist, bleiben die Häkchen an den Holzporen hängen und reißen sie auf. Zunächst fällt dieser Effekt gar nicht auf, aber mit der Zeit wird die geölte Fläche immer unansehnlicher, der Anwender zweifelt daher an der Qualität des Öls und ist sich der falschen Reinigung gar nicht bewusst.

Gut zu wissen

Geölte Oberflächen sollten nicht mit Mikrofasertüchern gereinigt werden!

Geölte Flächen sollte man besser bei Verschmutzung mit klarem Wasser feucht, nicht nass abwischen, auch ein paar Tropfen Spülmittel schaden im Moment der geölten Holzfläche nicht. Sie entziehen ihr aber auf Dauer doch so viel Öl, dass es besser ist, mit nachfettenden Produkten zu reinigen und zu pflegen.

Für geölte Böden bieten namhafte Hersteller daher in der Regel zu ihren Ölgemischen passende Wischpflegeprodukte an, die neben pflegenden Substanzen nur geringe Mengen an anionischen und nicht ionischen Tensiden enthalten. Sie sind optimal auf die Pflege und Reinigung eingestellt und geben dem Boden bei jedem Wischen wieder etwas Öl zurück.

Die nachfettenden Wischpflegeprodukte für Fußböden sind auch für die Reinigung von Möbeln geeignet. Dazu mischen Sie sich eine entsprechend kleine Menge im empfohlenen Verhältnis mit Wasser an.

Seife gilt zwar als sanftes Reinigungsmittel, es entzieht dem Boden jedoch auf Dauer das Öl, der Boden verseift und vegraut. Dieser Effekt ist im skandinavischen Stil erwünscht und macht sich auch gut auf hellen Böden. Das gilt auch für die sogenannte Holzseife, die ähnlich wie Kernseife ist und speziell für die Pflege von Böden empfohlen wird. Man sollte sie aber wirklich nur auf gelaugten Böden und nicht auf geölten verwenden.

Gut zu wissen

Bei dunklen Harthölzern wie Eiche und Nussbaum ist von einer Pflege mit Seife dringend abzuraten.

Dieses mit Hartwachsöl eingelassene Buchen-Massivholzparkett sollte am besten nur mit den empfohlenen Pflegeprodukten derselben Firma gesäubert und gepflegt werden.

Was kann man beim Ölen alles falsch machen?

- Unverdünnte Öle mit ihrem starken Eigengeruch sind in der Regel nicht für die Behandlung von Innenteilen in Möbeln geeignet, außer der Hersteller empfiehlt sie explizit dafür. Spezielle „Pflegeöle" haben einen extra geringen Festkörper- und damit einhergehenden hohen Verdünnungsanteil. Sie riechen kaum nach ihrer Durchtrocknung und sind damit für Innenflächen geeignet.
- Bei Holzflächen, die beim ersten Arbeitsgang nicht satt genug eingelassen werden, erhöht sich die Gefahr von Wasserflecken.
- Überschüssiges, auf der Holzfläche stehendes Öl, das nach der empfohlenen Wartezeit nicht entfernt bzw. abgerieben wird, kann eine dauerhaft klebrige Oberfläche erzeugen.
- Öle sollten nicht auf bereits lackierte oder gewachste Flächen aufgetragen werden. Sie dringen nicht in die Holzfläche ein und härten evtl. klebrig aus
- Öle eignen sich nur bedingt zur Behandlung von wassergebeizten Flächen. Da Öl genauso wie Beize ins Holz eindringt, bildet sich keine Schutzschicht auf dem Holz, die die Beize vor Wasser- und sonstigen Flecken schützen könnte.
- Furnierte Flächen sind nur bedingt zur Behandlung mit Öl geeignet. Öllasuren mit Wasseranteil können mit dem Furnierleim so reagieren, dass ihre Trocknung verzögert oder sogar verhindert wird
- Wasserfreie Ölgemische eignen sich eher zur Behandlung furnierter Flächen, dennoch sollte dort weniger Öl aufgetragen werden als auf Massivholz. Das leimdurchtränkte Furnier hat keine so hohe Aufnahmefähigkeit wie massives Holz.
- Öle sollten nicht mit frischem Beton und Kalkputz in Berührung kommen, sie verseifen aufgrund des alkalischen Ph-Wertes.
- In der Regel sollten nur pigmentierte Öle für die Behandlung im Außenbereich verwendet werden, es sei denn, transparente Öle sind vom Hersteller speziell mit UV-Blocker oder -Absorber wetterfest ausgerüstet.
- Akazie hat einen sehr geringen Quelldruck und ist damit für die Aufnahme von Öl manchmal zu dicht.
- Buchenholz, vor allem als Leimholz oder Parkett verarbeitet, kann, weil es aufgrund der stark unterschiedlichen Struktur der einzelnen Holzleisten unterschiedlich hohe Ölmengen aufnimmt, fleckig werden.
- Doussie ist so lichtempfindlich, dass es helle Flecken in der geölten Fläche geben kann.
- Eiche hat Gerbstoffanteile, die durch das Ölen aufschwemmen können und nach der Trocknung entfernt werden sollten.
- Lapacho bzw. Ile, Wenge, Palisander haben Holzinhaltsstoffe, die zu Trocknungsverzögerungen, Benetzungsstörungen und Farbveränderungen führen können.
- Olivenholz enthält so viel ölhaltige Inhaltsstoffe, dass die Oberfläche nach dem Ölen graue Flecken bekommen kann.
- Räuchereiche kann durch den Restammoniak im Holz mit Öl ungünstig reagieren.
- stark saugende Holzarten wie Buche, Kirsche, Kiefer etc. verlangen nach einer höheren Ölmenge, um den optimalen Sättigungsgrad zu erreichen.
- Thermoholz ist Holz, das mit Hitze abgetötet wurde, d. h. es „arbeitet" nicht mehr. Es benötigt eine spezielle Oberflächenbehandlung.

Welche Begriffe werden missverständlich verwendet?

Unter der Bezeichnung Holzöl vertreiben einige Hersteller Ölgemische, die durch den Namen auf die Verwendung für Holz hinweisen sollen. Korrekt verwendet ist Holzöl nur eine andere Bezeichnung für Tungöl, das aus der Tunganuss gewonnen wird.

Gut zu wissen

Ölgemische, die als Holzöl bezeichnet werden, müssen nicht zwingend aus Tungöl bestehen.

Öle, die eine Holzsorte im Namen führen, können entweder speziell für diese Holzsorte gemischt sein oder ein gefärbtes Ölgemisch sein. Beispiel: „Teaköl" ist als ungefärbtes Öl speziell für die Anwendung auf Teakholz gedacht. Es wird aber auch als im Ton von Teak gefärbtes Öl angeboten, das für die Anwendung auf diversen Hartholzsorten, z. B. für Gartenmöbel geeignet ist.

Welche Mischformen gibt es?

Wie bei allen anderen Oberflächenmitteln gibt es zahlreiche Mischformen, die zur Verwirrung der Verbraucher beitragen können, da sie sich nicht eindeutig einordnen lassen. Sie resultieren aus Wünschen nach Verbesserung des Produktes, wie beispielsweise Lösemittelreduzierung oder schnellerer Trocknung.

So sind vor allem Ökohersteller daran interessiert, „reine" Produkte anzubieten. Öle sind so dickflüssig, dass sie in der Regel verdünnt werden müssen. Natürliches Orangenschalenöl eignet sich bestens als Verdünnung, ist aber aufgrund seiner „reizenden" ätherischen Öle mit **Xi** (reizend) und **N** (umweltgefährlich) kennzeichnungspflichtig. Auch das natürliche Kiefernharzöl, als Balsamterpentin bekannt, dient der traditionellen Verdünnung von Ölgemischen, kann aber Kontaktallergien auslösen. Daher hat man versucht, den Lösemittelanteil zu reduzieren, bzw. ihn durch Wasser zu ersetzen.

Bei sogenannten Wasser basierenden oder wässrigen Ölgemischen werden Öle in Wasser emulgiert. Wasser ersetzt die evtl. Allergie auslösenden Lösungsmittel.

Wasserbasierende Ölgemische enthalten Emulgatoren, die „Wasser liebend" sind, d. h. sie ziehen Wasser an. Wenn die Auftragsmenge oder die Anzahl der Durchgänge so gering sind, dass die Holzporen der behandelten Fläche nicht gesättigt und damit geschlossen sind, kann es zu einer eingeschränkten Wasserresistenz kommen. Flecken entstehen leichter als auf wasserfreien Ölgemischen.

Vorteile: Wasser basierte Produkte „reizen" weniger und trocknen schneller.

Nachteile: Für den ungeübten Anwender kann die schnellere Trocknung aber zum Problem werden, wenn er nicht zügig arbeitet und ihm sein Oberflächenmittel schon beim Auftrag unter dem Pinsel antrocknet.

Sogenannte 2-K-Öle sind Zwei-Komponenten-Gemische mit Öl und dazugehörigem Härter.

Vorteile: wesentlich schnellere Trocknung, da sich der Härter sehr gut mit den Ölen vernetzt. So behandelte Böden sind nach 12–24 Stunden bereits belastbar. Ein ohne Härter geölter Boden ist erst nach 4 Tagen schmutzunempfindlich und nach 10 Tagen durchgetrocknet und damit entsprechend belastbar.

Nachteile: Da der Hauptbestandteil, die pflanzlichen Öle unschädlich und damit kennzeichnungsfrei sind, kann übersehen werden, dass oft nur im Kleingedruckten auf die Gesundheitsschädlichkeit des Härters hingewiesen wird. Er enthält Isocyanate, die mit **Xn** als gesundheitsschädlich beim Einatmen eingestuft werden und nicht mit der Haut in Berührung kommen sollten.

Ob ein derartiges Produkt noch als offenporiger Ölanstrich gelten kann, darf bezweifelt werden.

Ölsorten

(in alphabetischer Reihenfolge)

Balsamterpentinöl:
ist destilliertes, gefiltertes Kiefernharz, löst Harze, wird für die Lackherstellung, als Verdünnung und zur Reinigung von Pinseln verwendet, kann bei Schleimhautkontakt allergische Reaktionen auslösen.

Danish Oil · trocknend,
Die Bezeichnung „Danish" ist ein Marketingbegriff; Danish Oil eine Mischung auf der Basis von Tungöl und wird gerne von Drechslern verwendet.

Dicköl · trocknend
ist ein Sammelbegriff für Standöle, geblasene Öle und chemisch eingedickte Öle

Firnis · trocknend
ist gekochtes Öl plus Sikkative, bindet in einer dünnen, harten, glänzenden Schicht ab, ist wasserunlöslich, bietet Schutz vor Feuchtigkeit

Halböl · trocknend,
ist Leinölfirniss, das zur Hälfte mit Balsamterpentinöl gemischt wird

Hartöl · trocknend
ist ein Marketingbegriff, der auf die härtende Wirkung des getrockneten Ölgemisches hinweist

Hartwachsöl = Hartölwachs · trocknend
ist eine Mischung aus Ölen, Sikkativen, Harzen und Lösemitteln mit ca. 5 % Wachsanteil, für stark beanspruchte Flächen wie Fußböden und Arbeitsplatten besonders geeignet

Holzöl = Tungöl · trocknend (IZ 163)
wird aus der Nuss des chinesischen Tungabaumes gewonnen, ist die Basis vieler Ölgemische, ist besonders wasserrestistent, dunkelt kaum nach, sein Geruch ist Schweinefett ähnlich – unangenehm, ist bei Verzehr giftig

Holzpflegeöl = Pflegeöl · schnell trocknend
hat einen geringen Festkörpergehalt zwischen 15–30 %, ist geeignet zur Auffrischung geölter Flächen und zur Behandlung gering belüfteter Stellen (Schrank innen)

Kamelienöl · nicht trocknend
wird aus den Samen des chinesischen Kamelienbaumes gewonnen, ist klar bis leicht gelblich und dünnflüssig, lebensmittelecht, geruchsarm, als Verdünnung dickflüssiger stark trocknender Öle geeignet, verbessert die Polierbarkeit von Holzoberflächen, ist säurefrei und nicht verharzend, als Rostschutzmittel für Werkzeuge geeignet

Leinöl · trocknend (IZ 170 – 190)
wird aus Leinsamen gewonnen – entweder kalt oder heiß gepresst; feuert stark an; vergilbt auf Weichholz; ist die Basis von „Öko" Ölgemischen, da lokal und biologisch anbaubar; ist sehr gut selbsttrocknend, braucht dennoch zur Durchtrocknung Tage bis Wochen; hat eine hohe Selbstentzündungsgefahr; mit Öl getränkte Lappen entzünden sich leicht unter Sonneneinstrahlung

Mohnöl · langsam trocknend, bis zu 3 Wochen
wird aus den Samen des weißblumigen Mohns gewonnen, ist hell, fast transparent, vergilbt nicht und dunkelt wenig nach, ist lebensmittelecht, hat nur eine geringe Endhärte, für den Innenbereich mit leichter Beanspruchung geeignet

Olivenöl · nicht trocknend (IZ 80)
bleibt „schmierig", wäscht sich aus, ist für die Oberflächenbehandlung ungeeignet, riecht ranzig nach der Verarbeitung

Orangenschalenöl
ätherisches Öl, flüchtig, dadurch sehr schnell trocknend
ist destilliert, wird als Lösemittel für Naturharz und Wachs verwendet, reizt Haut und Schleimhäute, ist kennzeichnungspflichtig mit **Xi** (reizend) und **N** (umweltgefährlich)

Pflegeöl = Holzpflegeöl

Safloröl/Distelöl · halbtrocknend (IZ 145)
wird als gilbungsarmes Bindemittel eingesetzt

Standöl · trocknend
hochviskos, früher wurde Leinöl durch lange Stehzeiten eindickt, heute gibt es moderne Verfahren, bei denen Sauerstoff eingeblasen oder das Öl bei 260 °C gekocht wird

Sonnenblumenöl · halbtrocknend (IZ 130)
wird in Ölgemischen verwendet

Sojaöl · halbtrocknend (IZ 127)
wird in Ölgemischen verwendet und so modifiziert, dass es in trocknende Alkydharze verwandelt wird

Teak Oil · trocknend
ist ähnlich wie Danish Oil, mit höherem Festkörpergehalt, wird für die Behandlung von Teakholz empfohlen.

Teak-, Bankirai- , Lärchenholzöl etc. · trocknende Ölgemische,
die manche Hersteller nach dem Farbton ihrer Pigmentierung benennen, auch für andere Hölzer geeignet

Tungöl = Holzöl

Walnussöl · halbtrocknend
trocknet langsamer als Leinöl, wird kalt gepresst, ist teuer, hat guten Geruch, wäscht sich aus, Behandlung muss öfter wiederholt werden, lediglich für Flächen, die in direktem Kontakt mit Lebensmitteln stehen (Schneidebretter, Schüsseln) geeignet

Kapitel 7

Wachs

Was ist Wachs?

Wachse sind Stoffe, die im Urzustand fest bis brüchig sind. Ab ca. 20 °C lassen sie sich kneten und über 40 °C fangen sie an zu schmelzen. Wachse sind somit sehr temperaturabhängige Stoffe. Der Schmelzpunkt eines Wachses steht in direktem Zusammenhang mit seiner Widerstandsfähigkeit, je höher er ist, desto mehr Schutz verleiht ein Wachs oder Wachsgemisch dem Holz. Die Eigenfarben der verschiedenen Wachse schwanken zwischen transparent bis gelblich-bräunlich, je nach Sorte und Herstellung. Alle Wachse lassen sich leicht mit Lösungsmitteln vermischen, was ihnen eine pastenartige Konsistenz verleiht, die sich auf Glanz polieren lässt. Wachsschichten sind reversibel, d. h. sie können im Gegensatz zu einem modernen Lack wieder aufgelöst werden. In der Regel haften Wachse gut auf Holz, sind lichtbeständig und verspröden nicht. Über diese mechanisch-physikalischen Eigenschaften definieren sie sich mehr als über ihre Herkunft, die sowohl natürlich als auch synthetisch sein kann.

Bienen- (links), Carnauba- (Mitte) und Candelillawachs (rechts) sind ungebleicht in Flockenform erhältlich.

Die drei Kerzenkästen im Vintagelook wurden alle als letzte Oberflächenschicht gewachst.

Alle drei Wachssorten wurden im geschmolzenen Zustand im Verhältnis von 60 % Wachs zu 40 % Balsamterpentin verdünnt. Bienenwachs (links) erhält so eine gut polierbare pastenartige Konsistenz, Candelillawachs (rechts) wird deutlich härter und lässt sich nur unter größerem Kraftaufwand so polieren. Das besonders harte Carnaubawachs (Mitte) benötigte deutlich mehr Balsamverdünnung, um sich polieren zu lassen.

Seit wann wird Holz gewachst?

Bereits im Altertum verwendete man Wachs zum Abdichten und Pflegen von Holz. In der Malerei wurde es über Jahrtausende hinweg als Bindemittel für farblose bis deckende Anstriche eingesetzt. Dazu wurde in unseren Breiten immer Bienenwachs verwendet, das aber auch schon früher als recht wertvoller Stoff galt, denn Bienen benötigen 4 kg Honig für die Produktion von 1 kg Wachs. Heutzutage werden nicht nur das einheimische Bienenwachs, sondern auch viele importierte pflanzliche und synthetische Wachse in vielfältiger Weise verarbeitet.

Wie wird Wachs verdünnt?

Alle Wachse sind bei Zimmertemperatur fest. Um sie miteinander zu verbinden und sie zu einer polierbaren Paste zu verarbeiten, müssen sie mit Lösemitteln verdünnt werden. Das können Alkohol, Äther, Benzin oder fast geruchlose Isoparaffine sein. Die natürlichen, aber auch kostspieligeren Varianten sind reines Terpentinöl, was auch als Balsamöl oder Balsamterpentinöl bezeichnet wird und Orangenschalenöl. Da manche Kunden darauf allergisch reagieren und auch aus Kostengründen verwenden Wachshersteller eher geruchsneutrale Isoparaffine. In lebensmittelechten Wachsmischungen ist Leinöl zur Verdünnung am besten geeignet.

Das weiche Bienenwachs beginnt bereits bei 40 °C im Wasserbad zu schmelzen.

Hinten im Bild sieht man getönte Antikwachsmischungen, vorne eine Bienenwachsmischung, wie sie ein Naturfarben Hersteller anbietet.

Die Bienenwachsmischung (links) feuert das unbehandelte Fichtenbrett kaum an. Antikwachs im Farbton Mahagoni (rechts) färbt deutlich rötlich.

Wann wachst man Holz?

Wachse eignen sich vor allem zur Endbehandlung nach dem Ölen, da sie die Holzoberfläche schließen. Es bildet sich eine polierbare Wachsschicht, die sich glatt und geschmeidig anfühlt und auf Glanz polieren lässt. Die Widerstandsfähigkeit des Holzes wird durch den Vorgang des Wachsens erhöht und die Wasseraufnahme je nach Wachssorte reduziert bis verhindert. Allerdings stößt Wachs alle anderen Mittel wie Beize, Öl, Lasur, Lack etc. ab. Es kommt also immer auf richtige Reihenfolge der aufgebrachten Mittel an. Wenn vom Hersteller nicht explizit anders empfohlen, sollte Wachs die letzte Oberflächenbeschichtung auf dem behandelten Holz sein.

Gut zu wissen

Wachs in reiner Form ist aufgrund seiner Porenfüllung, Schichtbildung und seines Abstoßeffektes nur als letzte Schicht einer Oberflächenbehandlung auf Holz geeignet.

Das Kästchen erhielt durch graue, wasserlösliche Beutelbeize seine wettergraue Farbe. Das gelbliche Antikwachs im Farbton Kiefer schützt die empfindliche Oberfläche und vollendet den Eindruck von wettergegerbtem Holz.

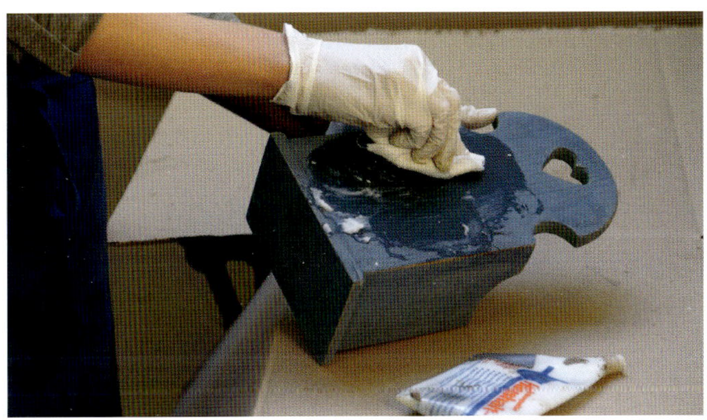

Das dezente Blau dieses Kerzenkastens entstand durch den Auftrag von Milchfarbe. Durchsichtiges Bohnerwachs auf Paraffinbasis schützt gut und verändert dabei den blauen Farbton am wenigsten.

Wachs ist zwar reversibel, d. h. es lässt sich wieder entfernen, es ist aber nicht einfach und funktioniert nicht rückstandsfrei. Selbst nach vielen Jahren schmiert Wachs, beim Versuch, es wegzuschleifen, jedes Schleifpapier schnell zu. Besser geeignet zum Beseitigen alter Wachsschichten sind Waschbenzin oder spezielle Wachsentferner. Um Wachs wirklich rückstandsfrei zu beseitigen, muss nach dem Abwaschen zusätzlich noch gründlich geschliffen werden.

Der größte Nachteil von reinen Naturwachsen, die auf rohes Holz aufgetragen werden, ist, dass sie wasser- und fleckempfindlich sind. Als Wachsmischung, bzw. in Verbindung mit Öl, werden dieselben Wachse wesentlich unempfindlicher gegen fleckerzeugende Substanzen.

Das braune Kästchen ist mit der Beize „Kasseler Braun“ eingefärbt. Dunkles Antikwachs im Farbton Eiche verstärkt den Alterungseffekt.

Wie werden Holzoberflächen für eine Wachsbehandlung vorbereitet?

Hier gelten dieselben Regeln wie beim Schleifen und evtl. Wässern vor der Behandlung mit Öl. Nachzulesen sind diese im Kapitel3, Schleifen, auf den Seiten 46–53.

Wie werden Wachse aufgetragen?

Wenn es sich um **Wachse in Pastenkonsistenz** handelt, empfehle ich einen Auftrag mit einem nicht fusselnden Baumwolllappen. Am besten trägt man das Wachs mit kreisförmigen Bewegungen auf und massiert es so auch gleich ins Holz ein. Wer dabei zuviel Wachs erwischt hat, kann den Überschuss sofort mit einem frischen Lappen abnehmen. Wachs trocknet normalerweise stumpf auf und wird erst durch Polieren mit einem Wolllappen oder einer Rosshaarbürste auf Glanz gebracht. Bei sogenannten Wachspolierbürsten sind zwischen den Borsten noch Lederstreifen für einen verbesserten Poliereffekt eingearbeitet. Der Vorgang des Wachsens und Polierens lässt sich beliebig oft wiederholen, wenn der Wachsauftrag jedes Mal ganz dünn ist und man das Wachs vor dem Polieren gut trocknen lässt. Auf rohes Holz aufgetragen bildet Wachs normalerweise erst nach dem zweiten Auftrag eine Schicht, die auf Glanz poliert werden kann. Die gewachste Fläche wird so nach jedem Durchgang immer glänzender. Wenn das Holz vorher grundiert wurde, z. B. mit Schellack oder Schnellschliffgrund, wird sich schon nach dem ersten Wachsauftrag eine polierbare Schicht auf dem Holz bilden. Helles Wachs auf dunkles offenporiges Holz aufgetragen, kann zu unangenehmen Überraschungen führen, da es je nach Wachsart weiß oder gelblich auftrocknet und die Poren entsprechend hell füllt. Um das zu verhindern, verwendet man am besten gefärbtes Wachs, meist als Antikwachs bezeichnet, in der jeweiligen Farbe des Holzes. Solche pigmentierten Wachse werden in den Farbtönen gelblich für Kiefer und andere Nadelholzsorten, braun für Nussbaum und Eiche, rötlich für Mahagoni etc. bis hin zu schwarz angeboten. Man sollte sich dabei aber bewusst sein, dass man mit einem gefärbten Wachs keine wirklich farbig deckende Schicht wie mit einem Decklack produzieren kann. Es handelt sich immer nur um Tönungen, die die Holzeigenfarbe unterstützen und verstärken. Es gibt und gab vor allem früher vielfältige Rezepte, um Holz zuerst mit gefärbtem Öl einzufärben und anschließend mit gefärbtem Wachs auf Glanz zu bringen.

Auf ein massives unbehandeltes Teakholzbrett wurde links das Bienenwachsgemisch und rechts das Antikwachs Farbton Mahagoni aufgetragen.

Das helle Bienenwachs färbt die Poren des dunklen Holzes deutlich heller und auffälliger als das im Farbton des Holzes pigmentierte Wachs.

Bürsten mit Naturhaaren bringen getrocknetes Wachs auf Glanz.

Flüssige Wachse können entweder mit einem flachen Pinsel oder einem Lappen aufgebracht werden. Für reliefartige Oberflächen wie bei Schnitzereien oder Profilen lässt sich flüssiges Wachs leichter auftragen als festes. Die Anwendungshinweise des Herstellers sollten aber wie bei allen anderen Oberflächenmitteln auch hier immer genau beachtet werden.

Gut zu wissen

Der Auftrag von Wachs ist in der Regel unproblematisch, da man Überschuss einfach entfernen und den Auftrag beliebig oft wiederholen kann, solange man die Trocknungszeit einhält.

Alte Bauernmöbel aus Weichholz wurden oft nur gewachst. Diese Oberfläche ist wasserempfindlich.

Abreiben mit Balsamterpentin beseitigt solche Wasserflecken bis zu einem gewissen Grad, das erneute Einlassen mit Bienenwachs erzeugt einen schönen gleichmäßigen Honigton.

Bauernmöbel aus früherer Zeit sind häufig mit Bienenwachs behandelt.

Gebräuchliche Wachssorten

Bienenwachs

Das bekannteste Wachs ist das weiche **Bienenwachs**, es hat den angenehmsten aller Wachsgerüche. Das von Bienen ausgeschwitzte, eigentlich weiße Wachs wird erst durch die Vermischung mit Carotin aus Blütenpollen gelblich. Schon die alten Ägypter haben Bienenwachs vor allem zur Mumifizierung und Beleuchtung verwendet. Bienenwachs ist bei Raumtemperatur in Terpentinöl, Benzin, Kohlenwasserstoff oder erhitztem Alkohol löslich. Reines Bienenwachs ist ziemlich weich, sein Schmelzpunkt liegt schon bei bei 60–65 °C und wird deswegen zu den Weichwachsen gezählt. Aufgrund des niedrigen Schmelzpunktes ist reines Bienenwachs zwar nicht sehr widerstandsfähig, lässt sich aber dennoch sehr gut mit einem matten Glanz polieren. Holz, das mit reinem Bienenwachs behandelt wird, bekommt unter Feuchtigkeitseinfluss leicht Flecken und ist daher für stark beanspruchte Oberflächen wie Fußböden und Arbeitsplatten nicht zu empfehlen. Am ehesten ist Bienenwachs zur Endbehandlung nach einer Grundierung mit Leinöl, Schellack oder heute üblichem porenfüllenden Schnellschliffgrund auf Nitrobasis geeignet. Bienenwachs schließt die Holzoberfläche und macht sie angenehm glatt und seidig. Wenig beanspruchte Holzflächen, die mit Wasser nicht in Berührung kommen, können problemlos damit behandelt werden. Üblicherweise werden antike, eher bäuerlich rustikale, helle Weichholzmöbel gewachst.

Bienenwachs wird zu Wachsfirnis,- emulsion, -paste, -malfarben, Mattlack und Ölwachsfarben verarbeitet.

Gut zu wissen

Die Aufschrift „mit Bienenwachs" auf einer Dose soll dem Wunsch der Anwender entsprechen, ein möglichst natürliches Wachsgemisch zu kaufen. Es bedeutet aber im Regelfall, dass nur ein verschwindend geringer Anteil reinen Bienenwachses von ca. 2–3 % enthalten ist.

Dieser Stuhl wurde vor vielen Jahren ausschließlich mit Wachs eingelassen und zeigt deutliche Flecken und Alterungsspuren.

Beim Versuch, das Wachs mit Schleifpapier oder -vlies abzuschleifen, setzen sich beide schell zu.

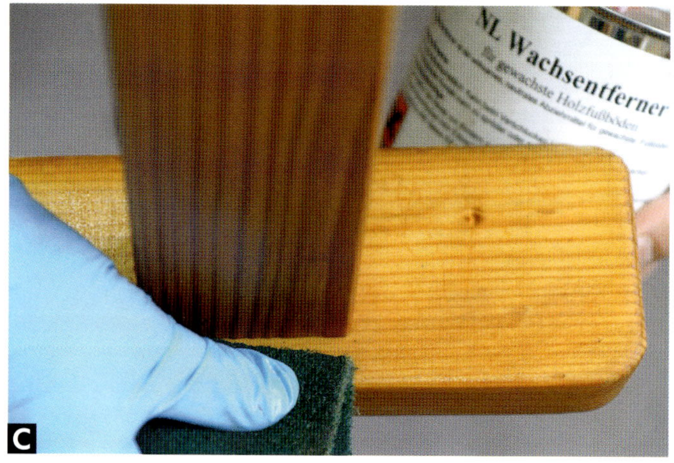

Die alte Wachsschicht lässt sich am besser mit Wachsentferner oder Waschbenzin beseitigen.

Carnaubawachs

Carnaubawachs wird aus den Blättern einer brasilianischen Palmenart gewonnen und hat eine Farbe von hellgelb bis grünlich. Es ist das härteste Naturwachs, stark Wasser abweisend und gilt damit als das widerstandsfähigste Naturwachs überhaupt. Üblicherweise ist es im Handel in Flockenform erhältlich. Sein Schmelzpunkt ist recht hoch, er liegt bei 80–87 °C, was es auch unter Sonneneinstrahlung und in sehr warmen Räumen stabil hält. Carnaubawachs verleiht jedem Wachsgemisch eine höhere Widerstandsfähigkeit gegen Abnutzung und eine gute Oberflächenstruktur. Dank dieser positiven Eigenschaften ist es auch das meist verwendete Naturwachs. In Reinform ist es brüchig und lässt sich nur schwer polieren, aber in Äther oder Alkohol gelöst, wird seine Polierbarkeit deutlich besser. Carnaubawachs gilt als gesundheitlich unbedenklich und ist frei von Allergie auslösenden Duftstoffen. Da es unverdaulich ist, d. h. auf natürlichem Wege bei Verzehr wieder ausgeschieden wird, ist Carnaubawachs auch für die Lebensmittel- und Kosmetikindustrie interessant. Dieses Naturwachs findet sich in vielen Wachsgemischen und wird auch für Möbelpolituren gerne verwendet.

Nach der Reinigung sollte zusätzlich noch gründlich in Faserrichtung geschliffen werden.

Einen gleichmäßigeses fleckenfreies Aussehen erhält der Stuhl nun durch den Auftrag von Hartölwachs.

Candelillawachs

Candelillawachs liegt im Härtegrad zwischen den beiden erstgenannten Wachsen. Es wird aus Blättern und Stängeln des Candelilla-Busches gewonnen, der in Mexico und Texas beheimatet ist. Zur Gewinnung werden die Blätter in verdünnter Schwefelsäure gekocht, bis das gelblich bis braune Wachs an die Oberfläche steigt. Dort wird es abgeschöpft und mehrfach gereinigt. In seiner Reinform ist es hart und brüchig, sein Schmelzpunkt liegt in der Mitte zwischen den beiden erstgenannten Wachsen bei 67–70°C. Da es in Mexico auf der Liste der geschützten Arten steht, unterliegt es Einfuhrbestimmungen der EU und kommt nicht so häufig zum Einsatz. Auch Candelillawachs gilt als unbedenklich und wird bei Verzehr vom Körper unverändert ausgeschieden. Preislich ist es deutlich günstiger als Bienenwachs.

Test:
Wie widerstandfähig gegen Wasser sind Wachse?

Bei dieser Versuchsanordnung rechts vermischte ich verschiedene Wachse mit Balsam Terpentinöl, um sie polierbar zu machen. Das funktionierte nur teilweise, da ich mich an kein Rezept gehalten habe. Aus diesem Grunde können die Ergebnisse nicht als repräsentativ angesehen werden.

Von links nach rechts: Bienen-, Carnauba-, Candelilla-, Bohnerwachs (Paraffin) wurden je zweimal auf die Musterbrettchen aufgetragen und für eine Stunde mit Wasser beträufelt.

Wasser auf Bienenwachs hinterlässt bei diesem Test keinen Fleck, auf Carnaubawachs einen weißen Schleier, auf Candelillawachs keine Reaktion und auf Bohnerwachs einen deutlichen weißen Fleck.

Synthetische Wachse

Paraffin wird aus Erdöl hergestellt. Es ist ungiftig, geruchs- und geschmacklos und heller als alle natürlichen Wachse. Da es völlig klar und vergilbungsbeständig ist, lassen sich mit ihm gut reine Farben mischen. Paraffin verbindet sich problemlos mit anderen Fetten und Wachsen und lässt sich in Benzin, Äther und Chloroform lösen. Dabei hat es immer einen stark Wasser abstossenden Effekt. Aufgrund dieser positiven Eigenschaften ist seine Widerstandsfähigkeit unter Feuchteeinfluss höher als die von Naturwachsen d. h. es bekommt weniger Wasser- und sonstige Flecken. Man sollte sich aber bewusst sein, dass es sich um ein Erdölprodukt handelt und in der Herstellung evtl. nicht so umweltschonend ist wie beispielsweise einheimisches Bienenwachs.

Paraffin kommt in vielen Produkten in den Handel. Im Reinzustand ist es ein Weichwachs, dass schon bei 45 °C schmilzt und sich fast wie Seife anfühlt. Als Hartparaffin schmilzt es erst bei 50–62 °C.

Ozokerit ist ein verwandtes Produkt, es ist das im Erdöl enthaltene Erdwachs mit einem Schmelzpunkt um 70°C. Gereinigt wird es als Ceresin oder Mikrowachs oder mikrokristallines Wachs bezeichnet. Auch Ozokerit lässt sich in Benzin oder Terpentin lösen und wird für Wachsbeizen, Polier- und Dichtungsmittel eingesetzt. Es bildet eine Schutzschicht gegen Wasser, -dampf und Gerüche.

Beim Bienenwachsbalsam Aqua von Natural handelt es sich um eine wasserlösliche Wachsbeize in vielen Farbtönen.

Wenn minderwertige Pinsel Haare verlieren, lassen sich diese mit einem Klebebandröllchen ohne die Farbe zu verschmieren, entfernen.Die Methode funktioniert ebenso bei allen anderen Überzugsmitteln.

Natural empfiehlt einen Schutzanstrich mit Finish Öl.

Glanz entsteht, wenn das satt aufgetragene Öl nach einer Einwirkzeit von ca. 30 Minuten mit einem feinen Polierpad in Faserrichtung abgerieben wird.

Wachsmischungen

Aufgrund ihrer Polierbarkeit und schichtbildenden Wirkung kommen die meisten Wachse in Mischungen vor, entweder untereinander gemischt oder mit anderen Überzugsmitteln.

- So ist die im Beizenkapitel erwähnte **Wachsbeize** eine Beize auf Wasserbasis, der natürliche Wachse beigemischt sind, um sie polierbar zu machen und einen Überzug mit Lack zu ersparen.
- das im Ölkapitel erwähnte **Hartölwachs oder Hartwachsöl** bildet aufgrund seines 5 %igen Wachsgehaltes eine Schicht, die in Kombination mit den öligen Inhaltsstoffen wasserabweisend, widerstandsfähig und ziemlich fleckenresistent ist.
- Wachse sind auch in **Schellackmischungen** zu finden, wobei sie auch hier die Polierbarkeit verbessern.
- Unter **Antikwachs** versteht man pigmentierte Wachsmischungen, die entweder die natürliche Alterung des Holzes suggerieren oder sich dem Farbton des Holzes besonders gut anpassen. Meist enthalten sie einen mehr oder minder großen Anteil an Bienenwachs.
- **Möbelpolituren** enthalten als wasser- und schmutzabweisenden Inhaltsstoff immer einen bestimmten Prozentsatz an Wachsen.

Praxistipp

Wer rohes Fichtenholz auf alt trimmen möchte, kann den Effekt mit einem braun pigmentierten Antikwachs erreichen. Allerdings ist diese Oberflächenbeschichtung, wie alle reinen Wachsbehandlungen, ziemlich fleckempfindlich.

Pflege von gewachsten Möbeln

Grundsätzlich bedürfen gewachste Weichholzmöbel keiner besonderen Pflege. Zur normalen Reinigung verwendet man am besten ein trockenes oder leicht angefeuchtetes Tuch. Bei starker Benutzung sollte von Zeit zu Zeit die gewachste Oberfläche wieder aufgefrischt werden.

Dazu trägt man eine geringe Menge Wachs mit einem weichen Tuch in Richtung des Faserverlaufs auf und lässt es 1–2 Stunden trocknen. Danach poliert man mit einem weichen Tuch die Oberfläche, bis kein Widerstand mehr zu spüren ist und die Wachsschicht schön glänzt.

Besitzt das Möbel viele Schnitzereien, ist es ratsam, vor der Schlusspolitur die Oberfläche mit einer weichen Bürste (z. B. einer Schuhbürste) abzureiben. Ansonsten sammelt sich in den Vertiefungen zu viel Wachs an, in dem sich im Laufe der Zeit Schmutz festsetzen kann. Durch das Nachwachsen verschwinden übrigens auch kleine Kratzer und Macken.

Was ist Dauerholz?

Eine Neuentwicklung der letzten Jahre ist das sogenannte „Dauerholz“. Es handelt sich dabei um heimisches Holz, dessen Zellen vollständig bis zum Kern mit nicht näher definiertem, aber als ungiftig bezeichnetem Wachs durchtränkt sind. Im Außenbereich soll es alle anderen einheimischen Hölzer und viele Tropenhölzer an Dauerhaftigkeit und Dimensionsstabilität übertreffen, ohne dabei an Festigkeit zu verlieren. Dauerholz ist durch das Wachs wasserabweisend imprägniert und weniger anfällig für holzzerstörende Pilze. Es lässt sich ebenso sägen, hobeln und profilieren wie unbehandeltes Holz.

Da diese Entwicklung noch recht jung ist, gibt es keine Langzeiterfahrungen mit dieser neuen Technologie. Vielleicht finden sich auch deswegen so wenig Holzhändler, die Dauerholz vertreiben.

Vermutlich wird es auch in Zukunft ein Nischenprodukt für Spezialanwendungen bleiben.

Kapitel 8

Lack

Was ist Lack?

Vereinfacht ausgedrückt, versteht man im Holzbereich unter dem Begriff Lackieren das Auftragen einer flüssigen, transparenten oder deckenden Harzsubstanz. Früher handelte es sich dabei um Naturharze, heute werden überwiegend Kunstharze eingesetzt. Genauso gut könnte man also auch sagen: Lackieren bedeutet, Holz mit Kunststoff zu überziehen. Dabei bildet dieser Kunststoffüberzug eine geschlossene Schicht auf der Holzoberfläche, die auch als Lackfilm bezeichnet wird.

Lacke werden als schicht- bzw. filmbildende Überzugs- oder Beschichtungsmittel eingeordnet. Der geschlossene Lackfilm macht, je nach Qualität und Zusammensetzung, das lackierte Holz für einen längeren Zeitraum lichtecht und widerstandsfähig gegen mechanische und chemische Einflüsse. Abhängig von Schichtdicke und Lackart folgt daraus auch eine reduzierte Atmungsaktivität des so behandelten Holzes. Das sogenannte Arbeiten des Holzes, das Quellen und Schwinden wird unter einer Lackschicht eingeschränkt, bzw. fast vollständig unterdrückt. Für Bauteile, die ihre Form nicht verändern sollen wie Fenster und Türen, ist dieser Effekt durchaus wünschenswert. Doch wer größere Flächen lackiert, bewirkt dadurch, dass das versiegelte Holz so nicht mehr zum Feuchtigkeitsausgleich und damit zur Verbesserung einer Raumathmosphäre beitragen kann. Es gilt also immer gut abzuwägen, wann Lack das geeignete Überzugsmittel ist und wann nicht.

Das weiß lackierte kleine Regal aus Sperrholz ist ein wahres Schmuckstück.

Seidenmatter Glanz wirkt immer elegant.

Mattlack verleiht diesem eichenfurnierten Regal eine gewisse Nüchternheit.

Wie hat sich Lack entwickelt?

Der Begriff Lack leitet sich ab aus dem altindischen „laksha“, was Hunderttausend bedeutet. Damit sind riesige Menge an Schildläusen gemeint, die sich von Baumsäften harzreicher Bäume Südostasiens ernähren und eine dunkelrote Substanz absondern. Diese wird als „Stocklack“ (Gomma lacca) oder roher Schellack bezeichnet. Durch Reinigung und Zusatz von Lösemitteln wird er zu einem harzigen Lack verarbeitet. Auch andere Harze wie Kopal, Bernstein oder Mastix können mit Leinöl vermischt und in Öl oder Spiritus gelöst, zu Naturharzlacken verarbeitet werden. Ihre Trocknung zieht sich in der Regel aufgrund ihres Ölgehaltes über einen so langen Zeitraum hin, dass sie heute nur noch in geringem Maße verarbeitet werden. Einige Hersteller aus dem Ökobereich haben die alten Rezepturen so weiterentwickelt, dass ihre Trocknungszeit sich durchaus mit synthetischen Lacken vergleichen lässt (z. B. der Naturharzlack der Firma Natural).

Lacke als Überzugsmittel sind bei uns erst seit etwa 300 Jahren bekannt, Seefahrer brachten sie aus Asien mit. Als Lackmaterialien verwendete man damals ausschließlich die oben genannten Naturharze (Schellack), später auch in Verbindung mit trocknenden Ölen. Das Lackmischen war in früheren Jahrhunderten eine so große Kunst, dass die Siedemeister mit ihren geheimen Lackrezepten ganz entscheidend für den Erfolg einer Holzwerkstatt waren. Und bis zum Beginn des 20. Jahrhunderts gehörte es auch hierzulande zu dem Können eines guten Schreiners/Tischlers, einen Politurlack selbst aus den geeigneten Rohstoffen anzusetzen. Vor der Industrialisierung diente Lack hauptsächlich der Verschönerung eines Holzgegenstandes, erst später gewann der Schutz an Bedeutung. Seit 1850 konnten Lacke auch maschinell verarbeitet werden, der langwierige Auftrag mit Pinseln wurde durch wesentlich rationellere Methoden wie Tauchen, Walzen oder Rollen ersetzt. Die Entdeckung des Phenolharzes = Kunstharzes um 1900 hat die ursprüngliche Lackpalette dann noch einmal ganz erheblich erweitert. Seitdem sind unzählige Lacke zu verschiedensten Zwecken und mit sehr unterschiedlichen Produkteigenschaften entwickelt worden.

Schellack ist als Blätterschellack oder bereits fertig gemischt im Handel erhältlich.

Nur Lack bringt Hochglanz auf Holzoberflächen, hier wurde die Nussbaum furnierte Tischplatte von Hand mit Schellack poliert.

Glänzend lackiertes Holz in Verbindung mit Textilien wikt besonders edel.

Wie verändern sich Lackprodukte heute?

In jüngerer Vergangenheit kommt dem Umwelt- und Gesundheitsaspekt beim Lackieren eine immer größere Bedeutung zu. Die Lack herstellende Industrie ist bemüht, gesundheitsschädliche Lösungs- und Verdünnungsmittel immer weiter zu reduzieren. Der Anteil an mitunter stark schädigenden Stoffen wie chlorierte, organische Lösungsmittel und Benzol lag zwischen 1960 und 1970 in Lacken noch zwischen 50–70 %. Das bedeutet, dass bis zu diesem Zeitpunkt mehr als die Hälfte des Lackes als mitunter stark schädigende Stoffe in die Umgebungsluft gelangt sind. 1983 verpflichteten sich die deutschen Lackhersteller gemeinsam, auch auf Druck der Verbraucher, flüchtige organische Verbindungen und schwermetallhaltige Pigmente wie Bleichromat weiter zu reduzieren. 1985 kamen die ersten emissions- und lösemittelarmen Dispersionsfarben auf den Markt, die nur noch 10 % organische Lösungsmittel enthielten. Im Vergleich dazu hatten die Naturharz-, Kunstharz- und Alkydharzlacke zum damaligen Zeitpunkt noch einen Lösemittelanteil von 60 %. 1996 wurde mit dem sogenannten „Pulver Slurry" ein in Wasser aufgeschlämmter Pulverlack entwickelt. Der erste Lack auf Wasserbasis war erfunden. 2007 und 2010 senkten EU Verordnungen die VOC-Grenzwerte (VOC für **v**olatile **o**rganic **c**ompounds) erneut. Die zu diesem Zeitpunkt eingeführte REACH-Verordnung (REACH für **r**egistration, **e**valuation **a**nd registration of **ch**emicals, nähere Informationen auf Seite 167) regelt, welche Bestandteile in Beschichtungsstoffen, d. h. Lacken enthalten sein dürfen. Dabei wird der komplette Zyklus eines Stoffes, von der Herstellung über die Verwendung bis zur Entsorgung berücksichtigt. Damit der Kunde erkennen kann, ob das von ihm gekaufte Produkt diesen Richtlinien entspricht, muss der Lösemittelgehalt auf dem Gebinde deklariert werden, als VOC-Wert in Gramm pro Liter. Der höchstzulässige Grenzwert wird ebenfalls genannt und variiert naturgemäß sehr stark, je nachdem ob der Beschichtungsstoff lösemittel- oder wasserbasiert ist.

Den Preis, den der heutige Anwender, sei er nun Profi oder Holzwerker, für die immense Lackvielfalt zahlt, ist ein gewisser Zeitaufwand für die Suche des passenden Lackes, denn für den Erfolg einer Lackierung ist die Wahl des richtigen Produktes und seine optimale Verarbeitung ausschlaggebend.

Gut zu wissen

die VOC-Richtlinien legen den Gehalt an flüchtigen Inhaltsstoffen bzw. Lösungsmitteln in handelsüblichen Lacken fest und alle Inhaltsstoffe eines Lackes müssen in der REACH-Verordnung aufgeführt sein.

Die Platte dieses Wirtshaustisches ist unbehandelt, das Gestell farbig lackiert, ein schöner Kontrast.

Stark beanspruchte Wirtshausmöbel werden oft zu ihrem Schutz lackiert.

Viele moderne Massivholzmöbel wirken roh, sind aber mit weiß pigmentiertem UV-Lack behandelt.

Woraus besteht Lack?

In der Regel bestehen Lacke aus folgenden fünf Komponenten:

- **Bindemittel** verbinden den Lack mit dem Untergrund und sind meist farblos. Die richtige Bezeichnung dafür ist eigentlich Filmbildner, denn ihre chemischen und physikalischen Eigenschaften bewirken, dass ein Lack überhaupt einen Film und damit eine Schicht auf Holz bildet. Ihre Wahl und Zusammenstellung entscheidet über die Optik des ausgehärteten Lackfilms, dessen Beständigkeit, Zusammenhalt und Haftung auf dem Untergrund. Filmbildende Substanzen sind meist komplex aufgebaute organische Kohlenstoffverbindungen, die Sie für die Verarbeitung eines Lackes nicht unbedingt wissen müssen. Aber wer tiefer in die Materie einsteigen möchte, dem sei gesagt, dass sich

  Bindemittel/Filmbildner unterteilen in:

- Naturharze wie Kolophonium, Dammar, Bernstein und Schellack.
- Öle wie Leinöl, Standöl und Tungöl
- Zelluloseverbindungen wie Nitrozellulose und Kollodiumwolle
- Kunstharze, die wiederum unterteilt sind in:
  a. Polymerisationsharze: PVC, Polyacryl
  b. Polykondensationsharze: Phenol-, Harnstoff-, Melamin-, Alydharz.
  c. Polyadditionsharze: Epoxid-, Polyurethanharz, (DD) bzw. PU Acrylat

Diese Filmbildnermaterialien werden je nach Lackart einzeln verwendet oder miteinander kombiniert.

Die Bandbreite der Kombinationsmöglichkeiten ist riesengroß und deren genaue Zusammensetzung sind oftmals wohlgehütete Geheimnisse der Lackhersteller.

- **Löse- bzw. Lösungs- und Verdünnungsmittel** halten das Lackgemisch zunächst flüssig und sorgen nach der Verarbeitung durch Verdunstung dafür, dass der Lackfilm fest und trocken wird.

Auch hier sei den besonders Interessierten gesagt, dass die Lösungsmittel unterteilt werden in:

- Kohlenwasserstoffe:
  - Benzine wie Testbenzin zur Verdünnung von Öl und Alkydharzen
  - Benzole wie Xylol und Tuluol zur Verdünnung von Öl und Alkydharzen
  - Alkohole wie Methanol, Äthanol und Spiritus zur Verdünnung von Schellack und Nitrolacken
- Ester wie Äthylacetat zur Verdünnung von Nitro-, DD-, PU-Lacken
- Ketone wie Aceton zur Verdünnung von Nitro-, DD-, PU-, Epoxidharzlacke
- Terpene und ätherische Öle wie synthetisches Terpentin, Terpentinersatz und Orangenschalenöl zur Verdünnung von Naturharzlacken und Ölgemischen

Fast alle Lacke benötigen ihr ganz spezielles Lösungsmittel, bzw. eine entsprechende Kombination von Lösungsmitteln und Verdünnungen. Diese Spezialverdünnungen werden in der Regel von den Lackherstellern passend zu ihren Lacken angeboten.

Gut zu wissen

Es ist nicht sinnvoll, mit anderen als vom Hersteller empfohlenen Lösemitteln einen Lack zu verdünnen. Das Verhältnis der zahlreichen Rohstoffkomponeten des Lacks könnte dadurch gestört und der Abbindeprozess verhindert werden.

- **Zusatzmittel (Additive)** verbessern grundsätzlich die gewünschten Lackeigenschaften:
- Netzmittel und Emulgatoren sind Tenside, die die Benetzung des Lacks ermöglichen und für eine stabile Verteilung von Pigmentteilchen im Lack sorgen. Von Benetzung spricht man, wenn sich Flüssigkeiten bereitwillig auf der Oberfläche von festen Stoffen, hier Holz, ausbreiten und auf ihr haften bleiben.
- Verlaufsmittel unterstützen die Glättung des Lackfilms während der Trocknung, indem sie dessen Oberflächenspannung herabsetzen.
- Entschäumer reichern sich an der Oberfläche des flüssigen Lacks an und unterdrücken dort die Bildung von Schaumblasen.
- Verdickungsmittel beeinflussen die Viskosität des flüssigen Lacks. Als Antiabsetzmittel verhindern sie die eventuell Entmischung der Lackinhaltsstoffe und das Absetzen von Pigmenten und Füllstoffen.
- Mattierungsmittel steuern den Glanzgrad des getrockneten Lackfilms. Sie bewirken eine gezielte Rauigkeit an der Lackoberfläche, so dass der auf Lichtreflexion beruhende Glanz von matt über seidenmatt bis hin zu glänzend, bzw. hochglänzend eingestellt werden kann.
- Trockenstoffe beschleunigen die Vernetzung des Lackfilms.

- Hautverhinderungsmittel, auch Antihautmittel genannt, verhindern, dass der Lack in der geschlossenen Dose durch Sauerstoffaufnahme vorzeitig trocknet und so eine Haut bildet.
- Lichtschutzmittel in transparenten Lacken verzögern das Vergilben und Vermatten des aufgebrachten Lackfilms, das durch die energiereichen UV-Strahlen hervorgerufen wird.
- Fotoinitiatoren sind Bestandteile strahlungshärtender Lacksysteme, die in Sekundenbruchteilen durch die Bestrahlung mit UV-Licht die Aushärtung des Lackfilms bewirken.
- Weichmacher tragen zur Elastizität eines Lackfilms bei.

• **Füllstoffe** sorgen für die Haftung, das Füllvermögen und die Schleifbarkeit eines Lacks. Sie tragen zur Vermeidung von Rissbildung und Schrumpfung im Lackfilm bei. Man findet sie hauptsächlich in Spachtelmassen, Füllern und Grundierungen. In farbigen Lacksystemen tragen sie zum Deck- und Färbevermögen des Lacks bei. Als Füllstoffe werden Quarzmehl, Kaolin, Talkum, Bariumsulfat und Calciumcarbonat verwendet. Eine größere Bedeutung haben allerdings die künstlich hergestellten Füllstoffe, die sogenannten „Blanc-Fixe", die sich in beliebigen Kornfeinheiten herstellen lassen.

- In farbigen Lacken befinden sich zusätzlich zu den üblichen Inhaltsstoffen noch Pigmente. Sie lösen sich im Gegensatz zu Farbstoffen im Verdünnungsmittel nicht auf und müssen daher mit einem Bindemittel angerührt werden, das wiederum fein verteilt im Lack liegt. Das Färbevermögen eines Pigments hängt von seinem chemischen Aufbau, seiner kristallinen Struktur und Teilchengröße ab. Sie schwankt zwischen einem 500stel und 2000stel Millimeter.

Farbig lackiertes Massivholz im Außenbereich ist sehr dekorativ, muss aber in regelmäßigen Abständen neu lackiert werden.

Bereiche, die viel Feuchtigkeit ausgesetzt sind, sind besonders witterungsanfällig.

Der blau lackierte Giebel bildet einen reizvollen Kontrast zum weißen Putz.

Welche Funktionen hat ein Lacküberzug?

- Ganz offensichtlich für uns Holzwerker ist es die **dekorative**, verschönernde Funktion eines Lacküberzugs. Neben den farblosen und bunten Lacken, die es von matt bis hochglänzend gibt, nehmen die Lacke mit Spezialeffekten zu. Beispiele dafür sind Lacke mit Effektpigmenten, Perlglanz, Flüssigkristallen, Graphitplättchen etc. Die Verbraucher haben inzwischen den Anspruch, Holz immer ausgefallener zu behandeln. Spezialeffekte in den entsprechenden Qualitäten zu liefern, stellt den technologisch schwierigsten und aufwendigsten Schritt im Herstellungsprozess eines Lackes dar.
- Wesentlich wichtiger aber ist die **schützende** Funktion eines Lackes, die Holzoberfläche wird durch Lackieren widerstandsfähiger gegen chemische Einflüsse, Feuchtigkeit und UV-Strahlung. Jedes Holz wird durch eine Lackschicht vor mechanischem Abrieb, Flecken und Verziehen bis zu einem gewissen Grad geschützt. Auch der volkswirtschaftliche Nutzen von oberflächenbehandelten und damit geschützten Holzkonstruktionen, die roh der Verwitterung ausgesetzt wären, sollte nicht unterschätzt werden. Wobei sich diese Tatsache nicht allein auf Lack, sondern auf alle Überzugsmittel bezieht.
- Zu guter Letzt sind noch die vielfältigen **Spezial**funktionen zu nennen, die Lacke haben können. Sie können elektroisolierend oder leitend sein, durch Signalfarben besonders auffallen, als Fußbodenlacke die Griffigkeit der Oberfläche erhöhen und die Rutschgefahr mindern und vieles mehr.

Welche Eigenschaften sollte ein Holzlack haben?

Grundsätzlich soll ein Lacküberzug entweder die Holzfläche optisch gestalten oder diese gegen chemische und mechanische Einflüsse schützen oder kombiniert beides ermöglichen. Da nicht jedes Objekt im Innenausbau gleichermaßen beansprucht wird, gibt es Qualitätsabstufungen zwischen den verschiedenen Eigenschaften, angepasst an den jeweiligen Verwendungszweck. Im Profibereich verwendet man keine Universal- sondern Speziallacke wie z. B. Boden-, Treppen-, Nassraumlack etc. Ein Universallack müsste alle möglichen Eigenschaften erfüllen und wäre entsprechend teurer. Um also den unterschiedlichen Anwendungen gerecht zu werden, konstruiert man Holzlacke mit folgenden Eigenschaften:

- Die **Lackhärte** bewirkt zwar eine hohe Kratzfestigkeit, führt aber bei nachgiebigen Oberflächen leichter zu Lackrissen und -abbrüchen. Gerade so harte Lacke wie säurehärtende oder Polyesterlacke bekommen auf einem weichen Holzuntergrund wie beispielsweise Fichte leicht Dellen. Säurehärtende Lacke werden im Alterungsprozess immer härter und damit spröder, im anspruchsvollen Innenausbau sind sie daher nicht mehr aktuell und wurden durch PU-Lacke ersetzt.
- Die **Lackelastizität** verbunden mit einer entsprechenden Härte ist gerade im Holzbereich maßgeblich für die Widerstandsfähigkeit eines Lackes. Diese Kombinationseigenschaft findet sich hauptsächlich in der großen Familie der Polyurethanlacke (PU-, bzw. PUR-, DD-Lacke). Durch Veränderung der Härtermenge können manche dieser Lacke in ihren Eigenschaften modifiziert werden, aber nur wenn der Hersteller einen Dosierungsspielraum ausdrücklich zulässt. Andernfalls kann der Lack zu spröde werden oder sich nicht richtig vernetzen.
- Die **Abriebfestigkeit** spielt vor allem bei stark beanspruchten Holzfußböden wie in Turnhallen oder öffentlichen Gebäuden eine große Rolle.
- Die **Wasser- und Alkoholbeständigkeit** wird grundsätzlich von allen modernen Lacken gefordert.
- Die **Beständigkeit gegen Haushaltschemikalien** spielt vor allem in Küchen, im Nassbereich und bei Laboreinrichtungen eine große Rolle.
- Die **Haftfähigkeit** ist gerade auf den inhaltsstoffreichen Exotenhölzern für die Lackhersteller eine große Herausforderung. PU-Lacke sind hier am besten geeignet.
- Der **Vergilbungsschutz des Holzes** ist längst Voraussetzung für qualitativ hochwertige Holzlacke. 2-Komponenten-Polyacrylharzlacke auf Lösemittelbasis werden diesem Anspruch am ehesten gerecht.

Auf diesem Musterbrettchen wurde zweimal matter Acryllack mit einer Walze aufgetragen.

Glänzender Acryllack lässt das Holz strahlen.

Welche Unterteilung der Lackarten ist möglich?

Es ist schwierig, Lacke wirklich übersichtlich einzuordnen, da die möglichen Ordnungsprinzipien sehr zahlreich sind. Denkbare Unterscheidungskriterien sind:

- der Verwendungszweck als Grundier-, Deck-, Füll-, Versiegelungs-, Bootslack etc.
- das Auftragsverfahren als Streich-, Spritz-, Tauch-, Gieß-, Polierlack etc.
- der Trocknungsvorgang als lufttrocknender Lack, chemischer Reaktionslack, Einbrennlack, UV- oder Infrarot härtender Lack etc.
- der Oberflächeneffekt als Glanz-, Matt-, Effektlack etc.
- der Deckeffekt als Klar-, Pigment-, Lasurlack etc.
- das Filmbildnermaterial als Nitro-, Kunstharz-, Öllack etc.

Wenn Beize und Lack aus einer Systemreihe sind, dürfen beide auch Wasserbasiert sein.

Wasserlöslicher Acryllack wirkt in feuchtem Zustand milchig und bildet kleine Bläschen.

Beide mit Eiche furnierten Musterbrettchen wurden gebeizt und zweimal mit wasserverdünnbarem Acryllack abgewalzt. Rechts im Bild ist der Lack noch feucht und bildet die typische, leicht milchige, wellige Oberfläche, die nach der Trocknung wesentlich glatter und gleichmäßiger wird.

Welche Lacke verarbeiten Handwerk und Industrie?

- Die **Industrie** verwendet hauptsächlich strahlungshärtende Kunststofflacke, die mithilfe von UV-Licht oder unter Infrarotlicht blitzschnell aushärten. Im industriellen Fertigungsprozess spielt eine geringe Lagerfläche und schnelle Stapelbarkeit der Möbelteile die größte Rolle, da sie die Produktionskosten erheblich senken.
- Anders sieht es im **Tischler-/Schreinerhandwerk** aus. Auch dort spielen natürlich die Kosten eine ganz entscheidende Rolle, d. h. in diesem Fall die zeitsparende, sichere Anwendung eines Lacks, der dem Nutzen des Möbels möglichst gut angepasst sein soll. So verarbeiten Schreiner/Tischler heute beim Möbelbau zu 85 % 2-Komponentenlacke auf Polyacrylbasis (Polyurethanlacke/PUR-Lacke), zu 5 % Wasserlacke (wasserdispergierte Acrylatharzlacke), zu 5 % Nitrokombinationslacke und 5 % sonstige (Kunstharzlacke, Öllacke, Schellack).

Im anhängenden Glossar sind die wichtigsten Lackarten mit ihren Eigenschaften aufgeführt.

Welche Lacke sind für Holzwerker zu empfehlen?

Die eben genannten Lacke sind für Holzwerker nur eingeschränkt zu empfehlen, da ihre Anwendung entweder zu kompliziert oder unsicher ist, z. B. bei 2-Komponenten-Systemen. Ihre Inhaltsstoffe können für die handwerkliche Verarbeitung zu schädlich bis sogar giftig sein. Holzwerker sollten daher, wenn sie lackieren wollen, am besten Wasserlacke verwenden. Dabei signalisiert der Begriff Aqua in einem Lacknamen oft die Wasserbasis des Lackes. Wasserlacke sind schadstoffarm und einfach in der Verarbeitung mit Pinsel und Rolle. Sie machen daher auch 90 % der auf dem Heimwerker Markt befindlichen Lacke aus. Bei wasserbasierenden Lacken muss laut der VOC-Richtlinie der Anteil der evtl. schädlichen Lösungsmittel unter 10 % liegen. Dieser Wert ist zwar deutlich niedriger als in früher gebräuchlichen Heimwerkerlacken, ganz unschädlich in der Anwendung sind Wasserlacke auch heutzutage nicht. So ist die Annahme, wasserbasierte oder verdünnte Lacke würden beim Spritzen nur Wasserdampf abgeben, zwar weit verbreitet, aber trotzdem falsch. Der evtl. schädliche Lösemittelanteil liegt ja immer noch bei 10 %. Vor allem bei der Verarbeitung mit Spritzpistolen entstehen Aerosole. Das sind feine Stäube, die der Anwender als Nebel einatmet. Aufgrund seiner Wasserlöslichkeit legt sich das Lösungsmittel auf den Lungenbläschen ab und kann krebserzeugend wirken.

Weitere Informationen zu wasserbasierten Oberflächenmitteln finden Sie in Kapitel 10, Wasser, S. 160–170.

Gut zu wissen

Beim Spritzen von wasserbasiertem Lack sollten Sie sich und Ihre Lungen immer durch Partikelfiltermasken mindestens mit der Klasse FFP1, besser noch FFP2 schützen!

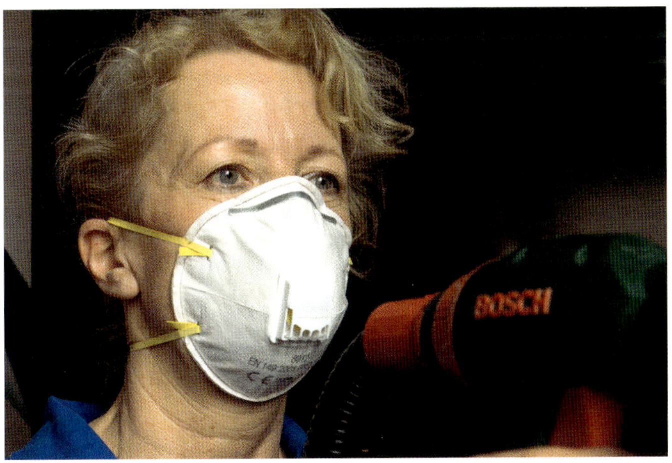

Beim Spritzen von wasserverdünnbaren Lacken sollte man sich mindestens mit FFP1, besser noch mit FFP2 Filtermasken schützen. Dieses Modell erleichtert die Atmung durch die eingebaute Luftzufuhr.

Die Aerosole von Wasserlack bestehen aus Wasser, Lösungsmittel und Lackpartikeln.

Was ist ein High-Solid-Lack?

Wie im Ölbereich gibt es im Lackbereich die Bezeichnung **High Solid**. Auch hier signalisiert der Bergriff einen hohen Festkörperanteil bei entsprechend geringem organischen Lösemittelgehalt. Die organischen Lacklösemittel, die sich beim Verarbeiten des Lackes in die Umgebungsluft verflüchtigen, können ziemlich schädlich sein. Lackhersteller werden durch internationale Verordnungen gezwungen, den Lösemittelgehalt eines Lackes immer weiter zu senken und den Bindemittelgehalt damit zu steigern. Diese Tendenz lässt sich natürlich nicht bin ins Unendliche weitertreiben. Vor einigen Jahren kamen Lacke unter dem Begriff High Solid auf den Markt, deren Festkörpergehalt etwa 50 % hoch ist. Umweltanforderungen werden aber immer noch höher, sodass man inzwischen laut VOC-Richtlinie von very High Solid spricht, wenn der Anteil von Lösemittel in einem Lack nur mehr bei 20 % liegt. Die echten High-Solid-Lacke sind dem qualifizierten Handwerk und der Industrie vorbehalten, da sie mit den Auftragswerkzeugen von Heim- und Holzwerkern gar nicht verarbeitet werden können. Außerdem sind sie nur in größeren Mengen im Fachhandel erhältlich.

Auch bei wasserbasierten Lacken im Holz- und Heimwerkerhandel findet man des öfteren die Bezeichnung High Solid. Da hier das entweichende Lösungsmittel hauptsächlich Wasser ist, unterliegen diese Lacke nicht den VOC-Richtlinien. Ihr Anteil an organischen Lösemitteln liegt in der Regel sowieso bei nur ca. 7 %. Die Bezeichnung High Solid ist hier also überflüssig.

Gut zu wissen

der Begriff High Solid wird nur bei industriellen Lacken richtig angewandt. Im Holz- und Heimwerkerbereich ist es lediglich ein Marketingbegriff, der sich verkaufsfördernd auswirkt.

„Feuert" Lack auch an?

Jeder transparente Überzug bewirkt normalerweise eine Sättigung des Eigenfarbtons des behandelten Holzes, der je nach Lackart stark variieren kann. Eine Oberflächenfirma nennt dieses Phänomen auch ganz treffend den „Nasseffekt", da lackiertes Holz ungefähr dieselbe Farbtiefe hat wie unbehandeltes, aber angefeuchtetes Holz. Wenn jedoch lackiertes Holz wirklich völlig unbehandelt wirkt, sind dem Lack speziell zu diesem Zweck entweder aufhellende Pigmente oder Additive beigefügt. Sie reflektieren das einfallende Licht derartig, dass es nicht in die Holztiefe gelangt und somit nicht zur Anfeuerung bzw. dem sogenannten Nasseffekt kommt. Diese Additive können auch als UV Absorber wirken, die vor Lichtvergilbung schützen.

Verschiedene Lacke ergeben auch ganz unterschiedliche Anfeuerungs- und Glanzgrade.

Meist bieten Lackhersteller ihre Lacke in unterschiedlichen Glanzgraden an.

Die meisten Lacke für Holzwerker können mit Pinsel und Walzen ohne großen Aufwand verarbeitet werden.

Wie unterschiedlich wirken sich Lack und Öl auf Holz aus, wenn es stark beansprucht wird?

Auch der beste PU-Lackfilm, hart, zähelastisch und maximal abriebfest, liegt als Schicht auf dem Holz. Wenn Flächen hoch beansprucht werden, wie z. B. Treppen, die stark begangen werden, wird die Lackschicht permanent verletzt. Im Laufe der Jahre wird der Lack an der Trittkante und Lauffläche regelrecht abgeschmirgelt. Wenn dann der Zeitpunkt eines Renovierungsanstriches übersehen wird, beginnt das Holz in den belasteten Bereichen zu verschmutzen bzw. zu vergrauen. Bei transparenten Lackierungen ist es nicht möglich, diese Schadstellen partiell zu renovieren, die gesamte lackierte Fläche muss überarbeitet, d. h. abgeschliffen und neu lackiert werden. Wäre die Treppe nun mit einem Ölprodukt behandelt worden, hätte sie auch in regelmäßigen Abständen wieder mit Öl gepflegt werden müssen. Werden diese Pflegeintervalle vernachlässigt oder falsch gepflegt, so vergrauen und verschmutzen auch geölte Flächen. Allerdings springt der Unterschied zwischen beschädigten und unbeschädigten Stellen nicht so ins Auge. Da das elastische Öl bei der ersten Behandlung in die Holzoberfläche eingedrungen ist, reicht es, nur die beschädigten Stellen vor einer Renovierung vollständig abzuschleifen und die übrigen leicht anzuschleifen. Ein Lackfilm dagegen liegt als Schicht auf Holz und muss vollständig vor einer Renovierung entfernt werden.

Gut zu wissen

Lackierte Flächen müssen, wenn sie durch Abrieb beschädigt wurden, vollständig abgeschliffen und neu lackiert werden. Bei ölbehandelten Flächen ist dagegen, wenn der Schaden nicht schon zu groß ist, eine partielle Renovierung möglich.

Dieser getönte Lack an einem Wirtshausstuhl ist der starken Belastung auf Dauer nicht gewachsen.

Die Abnutzungspuren von farbigem Lack auf Weichholz können ganz urig aussehen, sind so aber vermutlich nicht beabsichtigt.

Der Unterschied ist mit bloßem Auge nicht zu erkennen: Dieser furnierte Tisch wurde teilweise gebeizt und dreimal mit Hartwachsöl statt Lack behandelt. Diese Oberfläche ist hitzebeständig und weitgehend resistent gegen Wasser und viele andere evtl. schädigende Flüssigkeiten.

Entscheidungshilfe: Wann lackieren? Wann ölen?

Folgende Einschätzungen und Empfehlungen basieren auf meiner persönlichen praktischen Erfahrung. Es kann durchaus sein, dass andere Holzspezialisten sich bei der Abwägung zwischen Lack und Öl eine andere Meinung gebildet haben. Ich werde im Folgenden auch versuchen, meine Empfehlungen so gut wie möglich zu begründen.

Der mögliche Einsatz von Lack hängt vor allem von den technischen Möglichkeiten ab, die einem Holzwerker zur Verfügung stehen. Im Optimalfall spritzt man mit einer geeigneten Sprühpistole und hat die Möglichkeit, den entstehenden Lacknebel abzusaugen.

In der Industrie wird vor allem deswegen fast alles lackiert, weil es schnell geht und die längere Trocknungszeit einer Ölbehandlung zu viel Lagerraum beanspruchen würde. Auch kann sich der Hersteller normalerweise nach einer Behandlung mit Lack sicher sein, dass dieser einige Jahre hält und keine Risse bildet. Zumindest sollte das so lange der Fall sein, bis die Garantiezeit abgelaufen ist. Ob später das lackierte Teil für eine Renovierung wieder vollständig abgeschliffen werden müsste, kann dem industriellen Hersteller egal sein. Ähnlich verhält es sich mit Handwerkern: auch sie wollen sichergehen, dass in der Gewährleistungszeit keine Oberflächenschäden auftauchen. Dazu muss auch noch einmal betont werden, dass geölte Flächen einen etwas höheren Pflegeaufwand haben als lackierte Flächen. Zu dieser Spezialpflege muss der Kunde auch bereit sein. Geölte Flächen sollten, je nach Beanspruchung alle paar Jahre nachgeölt werden.

- Ich bin der Meinung, dass Massivholz am besten mit Öl behandelt werden sollte. Massives Holz hat eine uneingeschränkte Kapillarwirkung und nimmt Öl in der Regel auch wirklich gut auf. Ich persönlich schätze Massivholz etwas wertvoller ein als Sperrholz und gönne ihm daher ein Oberflächenmittel, das seinen Eigenschaften, der Offenporigkeit und möglichst uneingeschränkter Atmungsaktivität gerecht wird.
- Grundsätzlich eignet sich ein Lacküberzug eher für furnierte als für Massivholzflächen. Lack dringt nicht ein, er liegt oben auf der Holzfläche und bei Furnier kann auch nichts wirklich tief eindringen, weil darunter immer eine Leimschicht liegt. Massives Holz arbeitet wesentlich stärker unter Feuchtigkeits- und Temperaturschwankungen der Raumluft als z. B. furnierte Platten. Ein Lackfilm auf dem sich stärker verändernden Massivholz kann vor allem bei höheren Schichtdicken reißen, abblättern und hässliche Flecken bilden. Ich empfehle vor allem dickeres Massivholz, wie man es für Tischplatten und Bänke verwendet, grundsätzlich zu ölen und nicht zu lackieren.
- Allerdings spreche ich hier nicht von Antiquitäten. Wenn beispielsweise ein massiver Bugholzstuhl ursprünglich mit Schellack poliert war, sollte er meiner Meinung nach der Restaurierung wieder einen Überzug mit Schellack erhalten.
- Lack als Überzugsmittel ist vor allem dann sinnvoll eingesetzt, wenn die Oberfläche stark glänzend werden soll. Hochglanz ist mit natürlichen Überzugsmitteln wie Öl nicht zu erreichen.
- Wenn Holz deckend farbig behandelt werden soll, ist auch hier ein farbiger Lack die beste Wahl. Er hat normalerweise eine größere Farbdeckkraft als etwa eine ölhaltige Lasur.
- Grundsätzlich gilt auch: Wenn ein Möbelstück gebeizt wird, ist es durch einen schichtbildenden Lack besser geschützt als durch einen Ölüberzug. Im Ölbereich bilden nur die Hartölwachse aufgrund ihres Wachsgehaltes eine Schicht und sind daher als Überzugsmittel für gebeizte Flächen möglich.
- Geölte Oberflächen sind nur wasserabweisend, aber nicht wasserfest.
- Gute PU-Lacke dagegen sind wasserbeständig und können auch lange Zeit der Einwirkung von Wasser und Haushaltschemikalien standhalten. Die Prüfnormen bestätigen hier eine Resistenz von 6 48 Std.
- Säurehärtende 1K Lacke, die nur noch selten verarbeitet werden, verspröden im Laufe der Zeit, bekommen feinste Haarrisse und werden von allen Flüssigkeiten unterwandert. Die Folge sind dann grauweiße Flecken und ein Absplittern des Lackes.
- Eine Ausnahme bilden die sogenannten Bootslacke, die speziell für die Lackierung im Außenbereich bzw. für den Anstrich von Holzbooten im Überwasserbereich eingesetzt werden. Im Innenausbau, dort, wo keine Bewitterung stattfindet, sind sie in der Regel längst durch modernen PU-Lacke ersetzt worden.

Das massive Eichenparkett eines Museums wurde vor vielen Jahren geölt und wird in regelmäßigen Abständen mit einem passenden, nachfettenden Pflegemittel gereinigt.

Selbst so gründliche Pflege kann nicht alle Schäden beheben.

Das massive Stäbchenparkett einer Stadthalle wurde vor langer Zeit lackiert und weist deutliche Abnutzungsspuren auf.

Was ist bei der Kombination von Beize und Lack zu beachten?

Beize und Lack sollten in der Regel unterschiedlich basiert sein, d. h. in verschiedenen Lösungsmitteln gelöst sein. In der Praxis bedeutet das, dass man eine Beize auf Wasserbasis mit einem Spiritus- oder Kunstharzlack, aber keinem Wasserlack überziehen sollte. Auch ein schichtbildender Ölüberzug wie Hartwachsöl, schützt, mehrfach aufgetragen, gebeiztes Holz ausreichend. Eine Spiritusbeize wiederum kann problemlos mit Wasserlack überarbeitet werden, da sie ja nicht mit Wasser, sondern Alkohol verdünnt ist.

Eine Ausnahme dieser Regel bilden spezielle Systeme wie z. B. Aqua Beize und Lack von Clou. Beide sind zwar auf Wasserbasis und können dennoch hintereinander verwendet werden, da es sich bei der Beize um eine chemisch modifizierte Wasserbeize handelt.

Praxistipp

Kombinieren Sie am besten die vom Hersteller empfohlenen Systeme, d. h. Beize plus Lack plus Verdünnung. So sind unliebsame Überraschungen fast auszuschließen.

Der Trittbereich lackierter Holztreppen wird besonders schnell unansehnlich.

Wasser, das längere Zeit auf lackiertem Holz steht, verursacht weißliche Flecken, da dort der Lack weniger Kontakt mit dem Holzuntergrund hat.

Für den Außenbereich ist farbloser Lack als Wetterschutz völlig ungeeignet.

Was ist der Unterschied zwischen Löse- und Verdünnungsmitteln?

Löse- und Verdünnungsmittel sollen Lacke in einen verarbeitungsfähigen und wirkungsvollen Zustand versetzen. Es handelt sich dabei um flüchtige Substanzen, d. h. sie verdunsten während des Trocknungsprozesses des Lackes.

Lösemittel lösen die Bindemittel an, bzw. verflüssigen sie und machen sie so erst verarbeitbar. Sie tragen physikalisch durch Verdunstung und chemisch zur Trocknung des Lackes bei. Gleichzeitig verdünnen sie die Lacke so, dass sie die passende Viskosität für den jeweiligen Anwendungszweck und das Auftragsverfahren erhalten.

Lösemittel werden in Gefahrenklassen in der VbF (Verordnung über brennbare Flüssigkeiten) unterteilt. Man sollte immer vorsichtig im Umgang mit ihnen sein, da sie leicht brennbar bis explosiv sein können, ganz abgesehen von den gesundheitlichen Schäden, die manche Lösemittel bei unsachgemäßer Verarbeitung hervorrufen können.

Verdünnungsmittel strecken die bereits gelöste Lackmischung, sie lösen die Inhaltsstoffe nicht mehr an. Sie sind hauptsächlich für die Viskosität und Konsistenz eines Lackes verantwortlich.

Gut zu wissen

Lösemittel lösen die Bindemittel eines Lackes auf und verdünnen ihn, Verdünnungen bringen das fertige Lackgemisch in die richtige verarbeitbare Konsistenz.

Vorsicht!

Da Löse- und Verdünnungsmittel oft niedrige Zündtemperaturen haben, kann es zur Selbstentzündung kommen, andere entwickeln explosionsfähige Dämpfe. Feuer, offenes Licht und Rauchen können bei der Verarbeitung von Lacken ziemlich gefährlich sein.
Sie sollten nur in gut durchlüfteten Räumen lackieren und immer die Fenster während der Verarbeitung von Lack und seiner Trocknung öffnen!

Wie wird Holz auf Lack vorbereitet?

Auch beim Lackieren gelten die üblichen Vorbedingungen: Die Flächen sollten trocken, sauber und fettfrei sein. Ausführlich behandelt werden diese Bedingungen im Kapitel 6, Öl, ab Seite 102.

Idealerweise liegt die Raumtemperatur beim Lackieren zwischen 18 und 20 °C.

Auch das Lackmaterial im Lager- und Arbeitsgefäß sollte die gleiche Temperatur wie der Lackier- und Trockenraum aufweisen. Ansonsten kann es zu Trichter- oder Blasenbildung führen. Die Trocknungstemperatur für frisch lackierte Flächen kann zusätzlich schrittweise nach Herstellerangabe erhöht werden, das verkürzt die Trocknungszeit des Lacks. Die Wärme forciert, gerade bei chemisch vernetzenden Lacken (2K), die Aushärtung. Temperaturerhöhung kann, wenn der Lackfilm noch nicht physikalisch getrocknet ist, zu Blasenbildung führen.

Die richtig dosierte Abluft im Trockenraum ist für den Trocknungsvorgang entscheidend.

Werden lackierte Flächen in sogenannten „Hordenwagen“ zum Trocknen abgelegt, so ist darauf zu achten, dass die horizontalen Zwischenräume des Lackwagens durchlüftet werden.

Was wird als Grundierung bezeichnet?

Die erste Lackbeschichtung auf rohem Holz ist grundsätzlich als Grundierung zu bezeichnen, egal ob es sich dabei um einen transparenten Glanzlack, einen glänzenden Farblack oder einen Fülllack handelt. Eine rohe Holzoberfläche weist keine homogene Oberfläche, wie z. B. eine Glasfläche, auf.

Holz hat partiell ein unterschiedliches Saugvermögen, das je nach Faserrichtung und Dichte stark variert. Hier kann der Auftrag einer Grundierung die Unterschiede etwas einebnen. Besonders auffallend sind diese Strukturunterschiede bei den beliebten Leimholzplatten, da dort Leisten mit stark voneinander abweichendem Faserverlauf, Dichte und Porengröße miteinander verleimt werden und folglich jede Leiste die Lackflüssigkeit anders aufnimmt. Wird auf solchen ungleichen Flächen z. B. ein glänzend transparenter Lack aufgetragen, so wird der getrocknete Lack teilweise glänzen, teilweise nicht. Diese Unterschiede sind deutlich zu sehen und zu spüren. Dort, wo der Lack nur sehr leicht in die Oberfläche absackt, wirkt die Oberfläche glänzend und glatt und dort, wo der Lack von der Holzstruktur aufgesogen wird, erscheint die Fläche matt und rau. Um solche Flächen glatt zu bekommen, muss man mehrmals beschichten und aufwendige Zwischenschliffe durchführen. Da aber Material sowie Arbeitszeit auch für Holzwerker kostspielige Faktoren sind, spart man sich diese mit der richtigen Vorgehensweise, z. B. dem Grundieren ein.

Mit Schnellschliffgrund behandeltes Holz lässt sich gut schleifen und spart Lack bei der anschließenden Lackierung.

Sanding Sealer ist eine spezielle Grundierung für die darauffolgende Politur mit Schellack. Sie enthält Bimsmehl, das die Holzporen füllt.

Was sind spezielle Grundierungen?

- **Schnellschliffgrund** dient der Erstbeschichtung roher, ungleich saugender Holzflächen. Er enthält weniger Bindemittel und ist mit Schleifsteraten versetzt, um seine Schleifbarkeit zu erhöhen. Diese „mageren" bzw. dünnflüssigeren Grundierungen ziehen stärker in die Holzstruktur ein als ein Beschichtungslack. So eine Grundierung macht die gesamte Holzfläche gleichmäßig matt und rau. Bevor nun eine weitere Beschichtung bzw. Lackierung erfolgt, wird die grundierte Fläche erstmals geschliffen. Dadurch wird sie gleichmäßig glatt und bleibt dennoch offenporig. Die nachfolgende Lackierung wird nun gleichmäßig angenommen.
- **Grundierung für Exotenhölzer** erhöht die Haftfähigkeit zwischen Holz und Lack. Manche Exoten sind aufgrund ihrer problematischen Inhaltsstoffe nicht so einfach zu lackieren
- **Spezialgrundierungen** können auch chemische Farbreaktionen mit wässrigen Überzugslacken verhindern, wenn das Holz viel Gerbsäure enthält, wie z. B. bei Eichenholz.

Diese drei Lacke von matt bis glänzend zeigen recht anschaulich, dass Lackfarbe und Füllgrad ähnlich sind, obwohl es sich um Produkte verschiedener Firmen handelt.

Was erhöht die Verbundwirkung mit dem Decklack?

Die Porenfüllung einer Grundierung sollte immer den Charakter des Holzes berücksichtigen. So wäre es z. B. unsinnig, Eichenholz geschlossenporig und Ahorn offenporig lackieren zu wollen. Das würde ihrem Holzcharakter widersprechen. Die unterschiedlichen Lacke haben einen stark voneinander abweichenden Festkörpergehalt, sie brauchen eine Grundierung, die dies ausgleicht. Für die Auswahl des Grundierlackes ist es also wichtig zu wissen, welchen Porenfüllgrad die fertige Lackierung haben soll.

Wie oft sollte man lackieren?

Die max. zulässige Lackschichtenanzahl ist in keiner Norm festgelegt, aber es gibt grundlegende Empfehlungen.

Beim Lackieren sind meistens mindestens zwei Lackaufträge notwendig: entweder eine Grundierung plus Lack oder mehrere Aufträge desselben Lackes. Beim ersten Auftrag entsteht immer eine gewisse Rauigkeit der lackierten Holzoberfläche, die dann zwischengeschliffen werden muss und erneut mit einer Lackschicht überzogen werden sollte. In vielen Fällen ist sogar ein dritter Durchgang ratsam, damit das Erscheinungsbild des Lackes wirklich einheitlich ist. Der entsprechende Glanz- bzw. Mattgrad stellt sich meist erst ein, wenn die Holzporen wirklich gefüllt und der Lackfilm gleichmäßig geschlossen ist. Alle Lackarten, seien es Lösungsmittellack oder Wasserlack, werden grundsätzlich besser in mehreren dünnen Schichten auftragen als in wenigen dicken. Werden die Schichten zu dick und in zu kurzen Abständen appliziert, besteht die Gefahr, dass das Lösungsmittel der unteren Beschichtung nicht mehr durch den Lackfilm der abdeckenden, oberen Schicht, hindurch kommt. Ein Lackfilm dieser Art bleibt sehr lange griffweich und kann nicht gestapelt und weiterbearbeitet werden. Noch fataler wirkt sich dieser Effekt bei Wasserlacken aus, da das ins Holz einziehende Lösungsmittel, das Wasser, das Holz zum Quellen bringt und somit eine ungleichmäßige Oberfläche schafft.

Abhängig ist die Anzahl der Lackschichten auch von der Auftragsart: beispielsweise bringen Airless Geräte bei der selben Art zu spritzen doppelt so viel Lack auf die gleiche Fläche wie Lufthochdruck- oder Niederdruck-Geräte.

Gut zu wissen

Möbelflächen, wie z. B. Schranktüren, sollten Sie grundsätzlich beidseitig mit gleicher Lackmenge beschichten, um das Verziehen auf einer Seite zu verhindern.

Praxistipp

Tragen Sie immer soviel Lack auf, dass sich eine geschlossene Schicht ergibt, möglichst nicht mehr und auch nicht weniger.

Praxisteil

Streichen, rollen oder spritzen?

Grundsätzlich kann man alle Lackarten so einstellen, dass sie gestrichen, gewalzt oder gespritzt werden können, d. h. der Hersteller gibt normalerweise die möglichen Auftragsarten vor. Lacke, die zum Streichen und Rollen eingestellt sind, binden und trocknen in der Regel langsamer ab als Spritzlacke. Die Struktur des Pinselstriches oder der Rolle bekommt so die nötige Zeit, auf der Fläche gleichmäßig zu verlaufen. Dennoch können Lacke, bei denen Rollen oder Streichen empfohlen wird, normalerweise auch gespritzt werden.

Ausführliche Hinweise zu den verschiedenen Auftragstechniken finden Sie im Kapitel 11, Auftragsgeräte, S. 172.

Jedes Auftragswerkzeug hinterlässt eine andere Struktur im Lack.

Ungleichmäßige Oberflächen beschichtet man leichter mit einem Pinsel als mit einer Walze.

Flachpinsel sind für das Lackieren von Flächen besonders geeignet.

Gebräuchliche Lackwalzen haben entweder Faser- oder Schaumstoffbezüge.

Wie streicht man richtig?

Das **Streichen** eines Lackes ist die älteste Auftragsart. Vorteile dabei sind: Pinsel sind recht günstige Applikationsinstrumente, die überall benutzt werden können und kein Lackmaterial vergeuden. Nachteilig ist, dass sich größere Flächen mit einem Pinsel nicht so leicht gleichmäßig lackieren lassen, da die modernen Lacke so schnell trocknen, dass Pinselspuren sichtbar bleiben. Der Auftrag mit dem Pinsel erfordert immer ein gewisses Maß an Genauigkeit. Farbigen Lack gleichmäßig mit einem Pinsel aufzutragen, gilt als besonders anspruchsvoll. Die Lackschichtdicke und damit die Farbintensität kann durch einen ungleichmäßigen Auftrag ganz erheblich schwanken. Pinselfurchen und -striche sind dann die sichtbaren Zeichen im durchgehärteten Lack.

Auch sollte die Viskosität des Lackes für eine Verarbeitung mit dem Pinsel geeignet sein. Die Viskosität ist das Maß für die Zähflüssigkeit eines Lackes. Sie ist in der Regel temperaturabhängig, d. h. ein warmer Lack fließt leichter als ein kalter Lack. Im Normalfall ist eine normale Zimmertemperatur um 20 °C optimal für die Verarbeitung von Lacken, was sowohl für das zu lackierende Stück als auch für den Lack selber gilt.

Streichen mit dem Pinsel empfiehlt sich hauptsächlich für schmale und/oder erhabene Bauteile. Runde Pinsel, die etwas schmaler sind als das zu streichende Objekt, sind hier die beste Wahl. Ihre gerundete Spitze passt sich gut Vertiefungen und Wölbungen an.

Beim Streichen sollten nur die Pinselhaare in den Lack getaucht werden, möglichst ohne die Manschette zu benetzen. In gleichmäßigen, möglichst langen Strichen führt man nun den Pinsel über das zu lackierende Teil, setzt möglichst zügig Strich an Strich. Ein schnelles Verarbeiten des Lackes ohne unnötige Unterbrechungen gibt ihm die Möglichkeit, sich noch im flüssigen Zustand so auf der Fläche zu verteilen, dass sich Pinselansatz- und Pinselstrukturen im Lack auflösen. Wird die Beschichtung zu langsam ausgeführt und der Lack befindet sich bereits in der Abbindephase, bleibt die Pinselstruktur im getrockneten Zustand des Lackes sichtbar.

Gut zu wissen

der Auftrag von Lack mit einem Pinsel ist vor allem bei schmalen und erhabenen Bauteilen empfehlenswert.

Mit einem Ringpinsel lässt sich so ein Profil viel besser streichen als mit einem Flachpinsel.

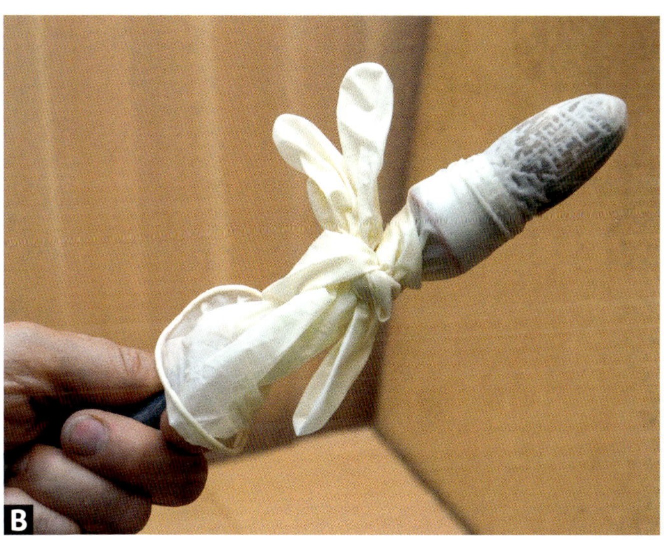

Wer später weiterarbeiten möchte, kann die mit Lösungsmittel getränkten Pinselhaare in einem Einmalhandschuh für einige Stunden feucht und geschmeidig halten.

Wie rollt oder walzt man richtig?

Mit **Walzen** lässt sich Lack bei größeren Flächen am gleichmäßigsten auftragen. Auch hier sind Aufwand und Materialverlust besonders gering, wenn die Viskosität des Lackes passt, d.h er speziell für die Verarbeitung mit Walzen empfohlen wird. Mehr Informationen zur Wahl der passenden Walze sind im Kapitel 11, Auftragsgeräte, S. 172, zu finden.

Für den Lackiervorgang platziert man die zu lackierenden Flächen möglichst waagrecht und einzelne Platten auf so kurze Leisten, dass sie nicht unter ihnen herausragen. So kann problemlos auch der senkrechte Rand gleichzeitig beschichtet werden. Bei fertigen Möbeln kann man entweder alle Teile auf einmal lackieren, wenn der Lack so eingestellt ist, dass er an senkrechten Flächen nicht läuft und Nasen bildet. Wer die gefürchteten Tropfnasen vermeiden möchte, lackiert vorsichtshalber immer nur waagrecht ausgerichtete Flächen und wendet nach deren Trocknung das Möbelstück so, dass die nächste zu lackierende Fläche wieder waagrecht liegt. Am besten verwendet man Walzen mit abgerundeten Kanten, die keine erhabenen Lackspuren zwischen den Lackbahnen hervorrufen.

Erst wenn die zu lackierenden Holzteile gut abgestaubt und in möglichst staubfreier Umgebung platziert sind, beginnt man mit dem Lackiervorgang. Dazu sollte nur der vertiefte Teil einer Lackwanne mit Lack gefüllt sein. Die Walze, auf den Griff gesteckt, wird nun in den Lack eingetaucht und auf der schrägen Ablauffläche der Lackwanne so lange hin und her gerollt, bis der Lack gleichmäßig auf der Walze verteilt ist und nicht mehr heraustropft.

Zum Walzen eines Lackes sollte man nur das vertiefte Becken der Lackwanne füllen.

Hin und Herrollen ohne Druck auf der schrägen Ablauffläche verteilt den Lack gleichmäßig in der Walze und entfernt überschüssigen Lack.

Wenn das Werkstück auf Leisten liegt, lassen sich seine Kanten besser lackieren.

Am besten ist es, zuerst die Schmalseiten mit einer extra kurzen Walze zu beschichten.

Am besten wird die Lackoberfläche, wenn man den Lack zügig in gleichmäßigen Bahnen mit so geringem Druck aufträgt, dass möglichst wenig Blasen dabei entstehen, was vor allem beim Verarbeiten von wasserbasiertem Lack vorkommen kann. Falls sich doch kleine Luftbläschen gebildet haben, kann man sie zum Verschwinden bringen, indem man mit der fast trockenen Walze die Fläche zuerst quer und dann noch einmal in der Längsrichtung mit noch weniger Druck abrollt, bis die Bläschen platzen. Wer mehrere Teile zu lackieren hat, für den lohnt es sich, zusätzlich eine kürzere Extrawalze für die Schmal- bzw. Stirnseiten zu verwenden.

Beim Walzen mit farbigen Lacken oder Lasuren hinterlässt die Stirnseite der Walze meist kreisförmige Spuren an den Innenkanten. Dieses Problem kann man umgehen, indem man zuerst die Ecken mit einem schmalen Pinsel streicht, um anschließend die Flächen nur bis fast in die Ecken zu rollen, sodass die rechtwinklig zueinander stehenden Seiten von der Walze nicht berührt werden.

Praxistipp

Da wasserbasierte Lacke schnell trocknen, sollten Sie zügig arbeiten und den Lackiervorgang auf der Fläche nicht unterbrechen.

Erst dann ist die Fläche an der Reihe, die mit einer mikrofeinen Schaumstoffwalze mit abgerundeten Kanten einen besonders gleichmäßigen Lacküberzug erhält.

Innenecken zu beschichten, ist immer problematisch. Walzen verursachen an rechtwinklig zueinander stehenden Flächen Kreißpuren.

Dieses Problem kann man umgehen, indem man zuerst die Ecke mit einem feinen Pinsel streicht.

Beim Lackieren der Flächen sollte die Walze dann nicht mehr die gegenüberliegende Seite berühren.

Wie spritzt man richtig?

Die Technik des Spritzens empfiehlt sich am ehesten bei farbigen, glänzenden Lacken auf großen gleichmäßigen Flächen. Teile farbig zu behandeln ist schwerer als der Auftrag farbloser Oberflächenmittel, da Unregelmäßigkeiten viel stärker auffallen. Je dunkler und glänzender ein Lack ist, umso eher machen sich Fehler beim Auftragen bemerkbar. Man sollte also die Technik des Spritzens unbedingt üben, bevor man sich darin versucht. Optimalerweise sollte dann aber auch eine Absaugung zur Verfügung stehen, die den Lacknebel auffängt und ein Absinken der in der Luft befindlichen Lackpartikel auf die bereits gespritzten Flächen verhindert.

Für den Holzwerker geeignete Spritzgeräte, ihre Handhabung und Risiken werden ausführlich im Kapitel Auftragsgeräte beschrieben.

Welche Lacke sind zum Spritzen geeignet?

Spritzlacke, die speziell als solche gekennzeichnet sind, sind in der Regel schnelltrocknend und in ihrer Struktur so fein, dass sie bei ganz kurzen Ablüftzeiten gut auf der Fläche verspannen. Für eine saubere Verarbeitung mit Walze und Pinsel trocknen Spritzlacke zu schnell und sind daher auch nicht dafür zu empfehlen. Insgesamt nachteilig bei der Spritztechnik ist, dass 15–35 % mehr Lack benötigt wird als beim Streichen oder Rollen. Diese Menge landet als Lacknebel in der Umgebungsluft.

Weitergehende Informationen zu den unterschiedlichen Spritzgeräten und ihre Handhabung ist im Kapitel 11, Auftragsgeräte , S. 172, zu finden.

Wie poliert man richtig?

Die Technik der **Handpolitur** ist die optimale, traditionelle Auftragsart für alle Schellacksorten. In dünnen Lagen wird mittels eines Ballens Schellackschicht über Schellackschicht poliert, bis eine glänzende bis hochglänzende Oberfläche mit samtigem Griff entsteht. Die Handpolitur nimmt unter den Auftragsarten eine Sonderstellung ein. Sie erfordert so viel Geschick und Übung, dass sie ganze Bücher füllt, die es auch schon zur Genüge auf dem Buchmarkt gibt. Sie wird daher hier nicht näher erklärt. Sinnvollerweise lernt der Holzwerker diese traditionelle Technik unter persönlicher Anleitung eines Profis.

Leichter ist es, **Nitropolitur** Lacke mittels Handpolitur aufzutragen. Nachempfundene Antiquitäten werden häufig mit Nitropolitur poliert, da sie zwar in Optik und Haptik dem traditionellen Schellack recht ähnlich ist, aber weitaus resistenter gegen Wasser, Alkohol und sonstige fleckerzeugende Flüssigkeiten.

Beim Polieren wird mittels eines Ballens aus Baumwollfäden, der mit einem Leinen- oder glatten Baumwolltuch umspannt wird, die Politur mit großem Druck von Hand aufgetragen.

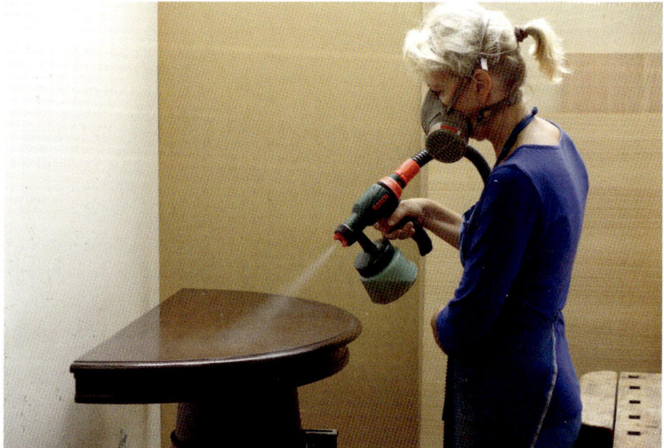

Die antike halbe Tischplatte spritze ich mit einem speziellen Streich- und Spritzschellack.

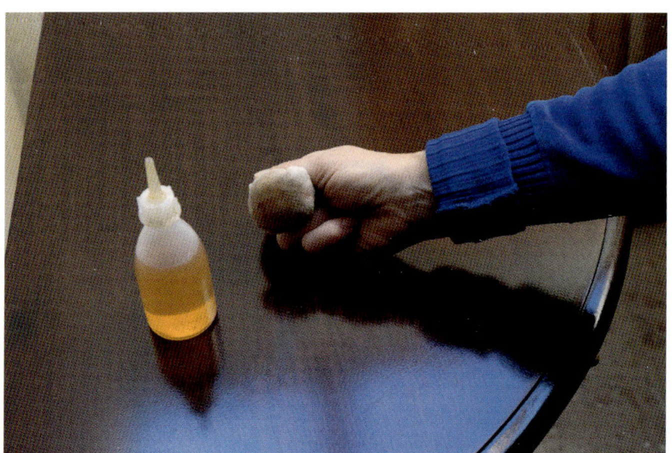

Jedes noch so saubere Spritzen mit einer Handpistole hinterlässt eine minimal „wellige" Struktur. Ein Nachpolieren mit dem Ballen ebnet die Oberfläche perfekt ein.

Lacke und Begriffe

(in alphabetischer Reihenfolge)

Acryllack
häufigster, gut lichtbeständiger und elastischer Holzlack für den Innenausbau, dessen Bindemittel mit Acrylaten modifiziert sind.

Aerosole
bestehen aus festen oder flüssigen Schwebteilchen und Gas, entstehen beim Overspray (der Lackanteil, der beim Spritzen in der Umgebungsluft landet). Bei der Verarbeitung von Wasserlacken stellen sie eine Gefahr für die Gesundheit des Anwenders dar, wenn er sich nicht ausreichend mit einer Partikelfiltermaske schützt.

Alkydharzlack
klassischer Kunstharzlack bzw. ölmodifizierter Polyesterlack, wird hauptsächlich im Malerhandwerk verwendet

Aqualack
Markenbegriff für Wasserlacke eines bestimmten Herstellers

Bootslack
lösemittelhaltiger Klarlack für extreme Beanspruchung. Er ist abriebfest sowie widerstandsfähig gegen Salzwasser und UV Strahlung und trocknet langsam aufgrund seines hohen Ölgehaltes.

DD-Lack
DD steht für Desmophen als Lackkomponente und Desmodur als Härterkomponente eines bestimmten Herstellers. DD-Lacke sind Polyurethanlacke (PU bzw. PUR) mit hohem Festkörpergehalt um 30 %. Heute ersetzt durch 2-K-Lacke auf Polyacrylharzbasis und High-Solid-Lacke auf Polyesterbasis mit guter Lichtechtheit und hohem Festkörperanteil.

Decklack
Abschlusslackbeschichtung, farblos oder farbig

Decopaint Richtlinie
regelt in Verbindung mit der VOC-Richtlinie die Emissionen aus Spritzanlagen und begrenzt die Verwendung lösemittelhaltiger Lacksysteme.

Einbrennlack
wird mit hoher Temperatur getrocknet, nicht geeignet für Holzoberflächen.

Epoxidharzlack
2-komponentige Kunststoffe, besonders widerstandsfähig gegen Chemikalien, keine Anwendung im holzverarbeitenden Bereich

Füll-Lack
Feinst gemahlene weiße Festkörper sind in das Bindemittel des Lackes eingearbeitet, um das Schwinden des Lackfilmes zu reduzieren und damit die Unebenheiten der getrockneten Lackfläche auszugleichen. Anschließende farbige Decklacke können so optimal verspannen.

Glanzlack
Lack ohne Mattierungsmittel, je glatter sich ein nicht mattierter Lack auf der Oberfläche verspannen kann, umso glänzender wird er

High-Solid-Lack
Festkörpergehalt/Bindemittelanteil über 50 %, fest eingebaute Inneneinrichtungselemente (z. B. Türen, Schränke, Wandvertäfelungen) dürfen nach VOC nur noch mit Lösemittellacken behandelt sein, wenn es sich um High-Solid-Lacke handelt.

HydRo
Bezeichnung für Rosner – Fußboden – Wasserlacke

Klarlack
transparent, enthält keine Zusätze, die die Glasklarheit des Lackfilms wesentlich einschränken, geringe Trübung auf dunklen bzw. dunkel gebeizten Hölzern möglich

Kunstharzlack
alle Lacke, deren Bindemittel aus synthetischen Stoffen hergestellt sind (z. B. PUR-, Alkyd-, Epoxid-, Polyesterlacke etc.)

Lasurlack
transparent bzw. semitransparent wirkende Klar- bzw. Farblacke sowie Dickschichtlasuren

Lösungsmittellack
Bindemittel sind nicht in Wasser, sondern anderen Flüssigkeiten gelöst

Mattlack
Mattierungsmittel im Lack bewirken eine Lichtbrechung, die den getrockneten Lackfilm entsprechend matt erscheinen lässt.

Nitrozelluloselack auch NC- oder CN-Lack
früher typisch für das Schreinerhandwerk, heute den Vorgaben der VOC-Richtlinie nicht mehr entsprechend. Nitrozellulose in Verbindung mit Alkydharzen sind die Bindemittel. Lösemittelgehalt über 70 %, damit Festkörpergehalt um 30 %, unproblematisch zu spritzen, trocknet sehr schnell und ist preisgünstig.

Overspray
Materialanteil des verspritzten Lackes, der als Lacknebel nicht auf das zu beschichtende Werkstück trifft, sondern in die Umgebungsluft entweicht.

Pigmentlack
mit Pigmenten eingefärbter Lack

Polyacrylharz, Polyacrylat
als Bindemittel für schnell trocknende Klar- und Farblacke verwendet

Polyacrylharzlack
siehe Acryllack

Polyurethanlack
auch als PUR- bzw. PU-Lack abgekürzt; „DD-Lack" war auch ein Polyurethanlack, der nach den Lackrohstoffen benannt wurde und noch gilbende Bindemittel hatte. Heute werden lichtechte und hochelastische Bindemittel auf der Basis von Polyacrylharzen eingesetzt, als 1-Komponenten bzw. 2-Komponentenlack erhältlich.

Polyesterlack
auch als UP-Lack abgekürzt, ist ein hochfüllender Reaktionslack mit 5 % Lösemitteln, bei dem Lack und Härter kurz vor der Verarbeitung vermischt und innerhalb 15 Minuten verarbeitet werden müssen. Seine Verarbeitung ist so kompliziert, dass er nur in Spezialwerkstätten oder industriell verarbeitet werden kann. Er ist relativ spröde und schlagempfindlich, lässt sich aber in hoher Schichtdicke auftragen und ist damit für Schleiflacktechnik geeignet. Wurde früher für Radiogehäuse und Autoarmaturen verwendet, wird heute im Instrumentenbau als schwarz- hochglänzender Lack für Flügel eingesetzt.

Pulverlack
ist der emissionsärmste Lack, da er keinerlei Lösemittel enthält und im Wirbelsinter-Verfahren bei 160–200 °C völlig verlustfrei eingebrannt wird

Reaktionslack
Lack-Härtergemisch, das durch den Kontakt mit Luftsauerstoff bzw. der Feuchtigkeit der Umgebungsluft gleichzeitig zur physikalischen Trocknung und chemischen Reaktionshärtung gebracht wird; keine Bedeutung im Handwerksbereich, mäßige Qualität nach heutigen Ansprüchen, bei der Verarbeitung im „Holzwerkerbereich" gesundheitsschädlich durch Formaldehyd

säurehärtender Lack
siehe Reaktionslack, Festkörpergehalt um 30 %

Schichtlack
Marketingbegriff, da jeder Lack eine Schicht bildet

Schellack
traditioneller Lack aus den Ausscheidungen einer asiatischen Lausart gewonnen, wird mit Alkohol verdünnt, kann von Hand poliert oder entsprechend modifiziert als Streichlack mit dem Pinsel aufgetragen werden.

Streichlack
für die Verarbeitung mit dem Pinsel eingestellt; meistens Lacke für den Außenanstrich, die langsam trocknen, z. B. Bootslack

Strukturlack
Eingestellt mit besonderen Zusätzen bildet ein Strukturlack keine einheitliche Oberfläche aus, sondern bildet musterartige Zeichnungen unterschiedlichster Art. Auch plastische Strukturen können durch spezielle Applikationsverfahren und Viskositätseinstellungen erzielt werden, z. B. Noppen-, Spinnweben-, Runzel-, Hammerschlageffekt etc.

Tauchlack
In einem mit Lack gefüllten Becken werden die zu beschichtenden Werkstücke kurz eingetaucht und anschließend zum Abtropfen und Trocknen aufgehängt.

Topfzeit
Zeitraum, in dem ein 2-Komponenten Gemisch verarbeitbar ist.

Versiegelung
zuverlässige, dauerhafte Umschließung der Holzporen mit Lack. Eine einfache Versiegelung mit 2-3 Lacküberzügen verhindert das Eindringen von Schmutz und Feuchtigkeit. Die Beschichtungsversiegelung erfordert 4-5 Lacküberzüge und bewirkt bei entsprechend hoher Lackqualität eine hochabriebfeste chemikalienbeständige Oberfläche.

Viskosität
bezeichnet die Fließfähigkeit eines Stoffes bzw. Lackes. Je niedriger die Viskosität, umso schnellfließender ist ein Lack. Gemessen wird sie in genormten Viskositätsmessbechern, auch Auslaufbecher genannt und wird in den technischen Merkblättern der Lackhersteller genannt. Beispiel: Wenn eine bestimmte Lackmenge in 20 Sekunden durch einen Auslaufbecher geflossen ist, spricht man von einer Viskosität von 20 DIN Sekunden.

VOC
englische Abkürzung für „**v**olatile **o**rganic **c**ompounds", übersetzt mit „flüchtige organische Verbindungen" gas- oder dampfförmig in der Luft; in der „chemVOCFarbV" ist das „Inverkehrbringen" der evtl. gesundheitsschädlichen, flüchtigen, lösemittelhaltigen Farben und Lacke geregelt

Wasserlack
Seit 1972 gibt es wasserlösliche Kunstharze, die immer mehr umweltschädliche Lackinhaltsstoffe austauschen, viele Lacklösungsmittel können inzwischen hauptsächlich durch Wasser ersetzt werden, der Anteil schädlicher Lösungsmittel liegt meist unter 10 %. Umwelt und handwerklicher Verarbeiter werden durch Wasserlacke weitaus weniger belastet bzw. gesundheitlich gefährdet, wenn sich der Verarbeiter beim Spritzen mit Partikelfiltermasken schützt.

Zweikomponentenlack
besteht aus Lack und Härter und muss im vorgeschriebenen Verhältnis verarbeitet werden.

Kapitel 9

Konstruktiver Holzschutz

Das Jahrhunderte alte Bauernhaus aus Bayern ist nach den bewährten Regeln des konstruktiven Holzschutzes gebaut.

Konstruktiver Holzschutz bedeutet, Holz im Außenbereich so zu verarbeiten, dass Wind und Wetter, Wasser und Schnee, Sonne und Frost ihm möglichst wenig anhaben können. Allgemein gültige Konstruktionsregeln haben sich dabei über Jahrhunderte bewährt. Ob verbautes Holz im Außenbereich oberflächenbehandelt werden sollte oder nicht, hängt vor allem von der Holzauswahl ab. So muss Holz nicht zwingend eingelassen werden, um der Verwitterung Stand zu halten. Im Sinne der Umwelt, Gesundheit und des eigenen Geldbeutels kann es sinnvoll sein, auf teuren natürlichen oder chemischen Holzschutz ganz zu verzichten. Entscheidend ist dabei die Wahl des richtigen Holzes, das sich unter Witterungseinflüssen langsamer zersetzt als andere Arten. In unseren Breiten ist das vor allem Lärchenholz, aber auch Eiche, Kiefer, Robinie, Douglasie, Teak und Bankirai trotzen Wind und Wetter.

Ein großer Dachüberstand schützt die Holzfassade vor Feuchtigkeit.

Die zurückversetzte Hausfassade schirmt den Balkon gegen Feuchtigkeit ab.

Unbehandelte Fassaden verursachen, wenn sie richtig konstruiert sind, kaum Renovierungsarbeit. Alte Bauernhäuser und Scheunen aus Bergregionen sind das anschaulichste Beispiel dafür. Über Jahrzehnte, wenn nicht sogar Jahrhunderte trotzen ihre unbehandelten Fassaden Wind und Wetter. Sie werden grau bis schwarz und damit immer uriger und schöner. Und damit sind wir bei dem Punkt, den man verstehen sollte, um sich durch die farbliche Veränderung von Holz nicht beunruhigen zu lassen. Unbehandeltes Holz im Außenbereich ist Wind, Sonne, Regen, Schnee, Schmutz und Mikroorganismen ausgesetzt. Die Sonnenstrahlen dringen bis 2 mm unter die unbehandelte Holzoberfläche ein und lockern den eingelagerten Zellbaustoff Lignin. Wind und Regen tragen und schwemmen die gelockerten Bestandteile davon. Die Holzoberfläche wirkt wie sandgestrahlt, die Wettererosion lässt die härteren Jahresringe deutlicher hervortreten als die weichen. Übrig bleibt in dieser obersten Holzschicht die eigentlich weiße Zellulose, die sich durch Luftverschmutzung und Mikroorganismen mit der Zeit grau verfärbt. Je nach Himmelsrichtung sind Fassaden und Bauteile Sonne und Wetter aber unterschiedlich stark ausgesetzt. Der Prozess der Vergrauung vollzieht sich daher nicht einheitlich, das Holz verfärbt sich flächig. Ganz wichtig: Weder die Qualität noch die Stabilität des Holzes leiden dadurch. Vergrautes Holz ist genauso fest und stabil wie frisches, es wird nur von außen nach innen ganz, ganz langsam abgetragen. So kann auch unbehandeltes Holz Jahrhunderte lang der Witterung trotzen, wenn es nach den Regeln des konstruktiven Holzschutzes verarbeitet wird.

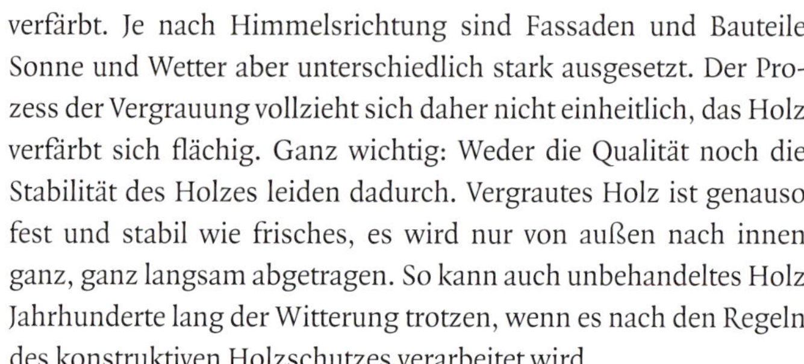

Gut zu wissen

Sonne, Wind und Wetter lassen Holz grau werden, Qualität und Stabilität werden dadurch kaum beeinträchtigt!

Der senkrechte Zaunpfosten enthält den Kern eines Fichtenstammes, was sich ungünstig auf seine Lebensdauer auswirken wird. Um den Kern herum entstehen so starke Spannungen, dass das Holz hier auf alle Fälle reißt und damit anfällig für Feuchtigkeit und Schädlinge wird.

Jede einzelne Zaunlattenspitze sollte so konstruiert sein, dass Wasser nicht darauf stehen bleiben kann.

Abgeschrägte Zaunspitzen beschleunigen den Ablauf von Regenwasser und schützen dadurch den hohen Staketenzaun vor frühzeitiger Zersetzung.

Noch besser hält eine waagrechte Abdeckung Wasser von den Hirnholzbereichen fern.

Grundsätzlich sollte im Außenbereich möglichst vermieden werden, Hirnholz der Witterung auszusetzen. Aufgrund der Kapillarwirkung (Röhrenstruktur, siehe Kapitel 1, Holzbearbeitung) nimmt Holz in der Längsrichtung der Fasern 10-mal mehr Wasser auf als quer dazu. Dieses Wasser lässt die Holzfasern quellen und sprengt die Faserstruktur, wenn es im Winter gefriert. Bei Fassaden lassen sich offene nach oben weisende Hirnholzbereiche bei entsprechender Konstruktion vermeiden, bei einfachen Zaunpfosten beispielsweise aber nicht. Sie könnten zwar mit Zinkblech abgedeckt werden – in der Regel sind aber Hirnholzanteile so abgeschrägt, dass auftreffendes Regenwasser möglichst schnell abläuft und nicht stehen bleibt. Denn nur dauerhafte Feuchtigkeitseinwirkung auf Hirnholz befördert und beschleunigt den Zersetzungsprozess.

Auch Befestigungen wie Schrauben und Nägel schaden dem Holz nachhaltig. Entlang ihres Schaftes wird Wasser ins Holz gezogen und verfärbt es, es kommt zu sogenannten „Ablauffahnen“. Zum Schutz können nicht rostende Edelstahlschrauben verwendet werden, die noch zusätzlich mit Schutzkappen oder Silikon abgedichtet sind.

Das abgerundete Rahmeneck der Trennwand schließt direkt an die Hauswand an und ist daher der Witterung nur in geringem Maße ausgesetzt.

Anders sieht es auf der anderen Seite der Trennwand aus. Da hier Wind und Wetter mit voller Wucht auftreffen, hat der Zersetzungsprozess nach 20 Jahren schon eingesetzt. Die Schrauben tragen durch ihre spaltende Wirkung zusätzlich zur Verwitterung bei.

Holzfassaden sollten keinen direkten Kontakt mit dem Erdreich haben. Hier bewahrt der gemauerte Sockel und das waagrechte Brett die Hirnholzenden vor Spritzwasser.

Die Bretterfassade der alten Scheune reicht bis zum Boden hinunter. Die Hirnholzenden zersetzen sich bereits, sie halten der andauernden Feuchtigkeit nicht stand.

Die Hauptkriterien des konstruktiven Holzschutzes sind also:

1. Die Holzauswahl: Lärche, Douglasie und Eiche beispielsweise haben einen hohen Harzanteil und damit eine hohe Eigenschutzfunktion.
2. Die holzzersetzende Wirkung von Witterung und Feuchtigkeit auszuschließen, bzw. zu senken.

Die Regeln des konstruktiven Holzschutzes lauten:

- Langsam gewachsenes Holz, am besten Kernholz, ist fester und nimmt damit weniger Feuchtigkeit aus der Luft auf. Es arbeitet und verzieht sich nicht so stark wie Splintholz und ist daher witterungsbeständiger (siehe Kapitel 1, Holzbearbeitung)
- Große Querschnitte, also dicke Bretter können zu Rissen im Holz führen, da das Quell- und Schwindverhalten auf Vorder- und Rückseite stark voneinander abweicht. Wenn möglich, plant man besser mit geringen Querschnitten bis 4 cm.
- Die Holzfeuchte sollte bei der Verarbeitung unter 15 % betragen, damit das Holz den Bedingungen im Außenbereich schon beim Bau gut angepasst ist.
- Große Dachüberstände und Vordächer, die die Witterung von der Holzfassade abhalten, sind der beste Schutz vor andauernder Feuchtigkeit.

Die senkrechten Zaunlatten und waagrechten Leisten aus Lärchenholz sind so abgeschrägt, dass Regenwasser schnellstmöglich abläuft.

Hirnholzkanten sollten möglichst wenig beregnet werden. Der senkrechte Balken schützt die horizontal verlaufende Verkleidung. Die Schrauben sind aus Edelstahl, die das Holz vor schwarzen Spuren schützen.

Der Balkenschuh schützt den senkrechten Holzpfosten vor Bodenfeuchtigkeit. Sein Hirnholzbereich sollte keinen Kontakt mit der Metallkonstruktion haben.

Es wirkt sich günstig auf die Lebensdauer der Lärchenholzdielen aus, dass sie so geringen Kontakt zur Unterkonstruktion haben. Abgerundete Querbalken wirken Staunässe entgegen.

- Holzfassaden müssen stets gut hinterlüftet sein, um schnell abzutrocknen. Staunässe dahinter führt zu Fäulnis und damit zu Holzabbau und Zersetzung.
- Erdkontakt von Holzkonstruktionen ist grundsätzlich zu vermeiden. Bei Fassaden sollte der Mindestabstand zum Erdreich 15 cm, im Optimalfall 30 cm betragen. In der Regel schützt man Fassaden im Bodenbereich mit Zinkblech.
- Wenn die Fassade optisch bis zur Erdoberkante reichen soll, kann das Außengelände zur Fassade hin abgesenkt werden, damit kein Kontakt zwischen Boden und Fassade zustande kommt.
- Wenn Feuchtigkeitskontakt auf Hirnholzflächen nicht zu vermeiden ist, sollte dieser so gestaltet sein, dass Wasser möglichst schnell abläuft.
- Wo horizontal verlaufende Bretter an senkrechten Flächen im rechten Winkel aufeinandertreffen, können sie auf Gehrung gearbeitet werden, damit keine Hirnholzteile der Witterung ausgesetzt sind.
- Eine andere Konstruktionsmöglichkeit wäre ein senkrechter Eckpfosten, der die Feuchtigkeit von den waagrechten Hirnholzbereichen fernhält.

Die waagrechten Leisten des Gartentors sind so abgeschrägt, dass Regenwasser sofort abläuft.

Die Überlappung der lasierten Fassade schützt jedes einzelne Brett.

In Bergregionen ist es heute noch üblich, Fassaden mit gespaltenen Schindeln zu schützen. Das Ortgangbrett ist zusätzlich verblecht.

Auch die Fenster dieser Berghütte sind durch ein kleines Kupferdach vor Regenwasser geschützt. Beim Fensterladen war die Holzauswahl wohl nicht so optimal, denn sonst wäre er trotz der Gratleisten nicht gerissen.

- Auch senkrechte Balken sollten keinen Erdkontakt haben. Erreicht wird das durch sogenannte „Balkenschuhe" aus feuerverzinktem Eisen, die in die Erde betoniert werden. Das Hirnholz des Pfostens sollte keinen Kontakt mit dem Metall haben, damit sich auch dort keine Feuchtigkeit staut.
- Auch bei waagrechten Holzkonstruktionen ist Bodenkontakt zu vermeiden. Liegende Flächen (Terrassen) sind mit min. 2 % Gefälle durchzuführen, damit Feuchtigkeit schnell abläuft.
- Wo liegende Hölzer (Terrasse) Kontakt aufeinander haben, ist dieser mit einer möglichst geringen Auflage auszuführen. Lagerhölzer unter Terrassendielen sind optimalerweise abgerundet.
- bei Nut- und Federkonstruktionen, Schindeln und ähnlichem ist auf eine ausreichende Überlappung zu achten, damit Regenwasser schnell von oben nach unten abgeleitet wird.
- bei Konstruktionen mit Schattenfugen und offenen Fugen sollten die Unterseiten der Bretter mit Abtropfnasen und Neigungen von 15 % gearbeitet werden.
- Auch Fenster und Türen sollten mit Abtropf- bzw. Wassernasen konstruiert sein. Auftreffender Niederschlag tropft dann ab, bevor er mit der Unterseite in Berührung kommen kann. Auf diese Weise werden Feuchtigkeitsschäden verhindert.

Ein Teil der Feuchtigkeit tropft bereits an der abgeschrägten Unterseite des Fensterflügels ab.Der Rest wird durch die gelochte Aluschiene wieder nach außen geleitet.

Die massive Haustür aus Fichte ist mit einem Alu verkleideten Wetterschenkel ausgestattet. Die Nut leitet Feuchtigkeit von der Unterseite ab.

Kapitel 10

Wasser – die Lösung aller Emmissionsprobleme?

Der Umwelt- und Gesundheitsschutz spielt bei der Oberflächenbehandlung von Holz in den letzten Jahrzehnten eine immer größere Rolle. Verbraucher wollen nicht mehr nur ihr Holz, sondern auch sich selber schützen. Der „Xyladecor" Skandal in den 70iger Jahren schreckte auch die auf, die bis dahin sanfte Chemie als unnötig abgetan haben.

Wassertropfen auf behandeltem Holz sehen zwar hübsch aus, greifen die Oberflächenbeschichtung auf Dauer aber doch an.

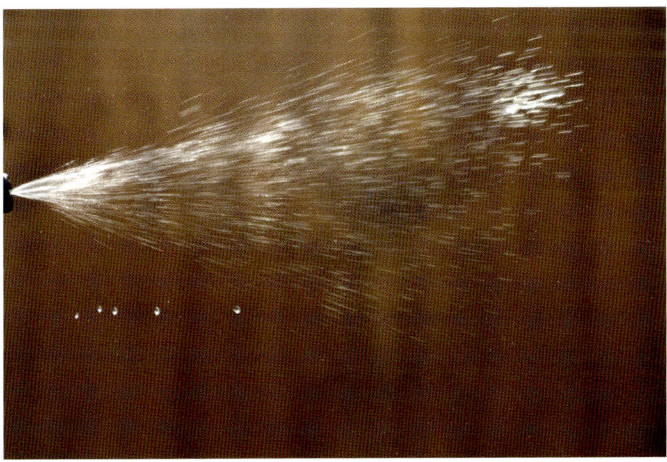

Beim Spritzen von wasserbasierten Oberflächenmitteln kommt leider nicht nur reines Wasser aus der Düse.

Reines Wasser ist eines unserer kostbarsten Güter.

Was bedeutet „Der Blaue Engel"?

1978 entwickelte das deutsche Bundesinnenministerium mit dem „Blauen Engel" das erste Umweltzeichen, was der erste Schritt in die richtige Richtung zu mehr Umwelt- und Verbraucherschutz war. Die Etikettierung mit dem „Blauen Engel" besagt, dass ein so gekennzeichneter Artikel unter einem bestimmten Aspekt umweltfreundlicher ist als andere derselben Gruppe. Es wird also nicht die vollständige Unbedenklichkeit eines Produkts bescheinigt, sondern nur ein Teilbereich berücksichtigt. Konkret bedeutet das, dass der „Blaue Engel" kein Gütesiegel auf das Gesamtprodukt ist, sondern einzelne Eigenschaften auszeichnet. Andere wie ein evtl. hoher Energieaufwand bei der Herstellung oder mögliche Entsorgungsprobleme eines Produktes spielen bei der Bewertung keine Rolle. Daher sollte der Verbraucher immer auch den Untertitel des Logos beachten, der bspw. lautet: „Der Blaue Engel, weil emissionsarm" oder „Der Blaue Engel, weil Mehrweg" usw. In diesem Teilbereich ist das so gekennzeichnete Produkt wirklich umweltfreundlicher als vergleichbare derselben Art. Auch wenn es sich bei dem „Blauen Engel" um ein eher industrie- als verbraucherfreundliches Umweltzeichen handelt, bewirkte seine Einführung dennoch, dass in vielen Branchen die Umweltstandards stetig angehoben wurden. Auch heute noch, nach 35 Jahren schmücken sich viele Produkte mit dem „Blauen Engel".

Mit dem „Blauen Engel" wird ein Produkt ausgezeichnet, wenn es in einem Teilbereich besser ist als andere seiner Art.

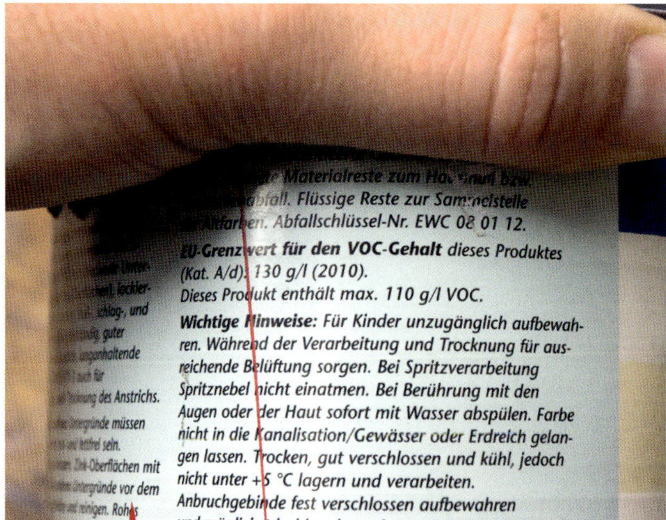

Diese Beschriftung signalisiert dem Verbraucher, dass der erlaubte VOC Grenzwert von 130g/l nicht erreicht wird. Klar wird dabei aber leider nicht, um welchen Inhaltsstoff des Produktes es sich handelt.

Was bedeuten VOC- und REACH-Verordnung?

Früher spielten bei der Lackentwicklung die anwendungstechnische Verbesserung und Kostensenkung von Beschichtungssystemen eine größere Rolle als der Umweltschutz. Aber die immer schärfer werdende Umweltgesetzgebung zwingt Hersteller von Oberflächenmitteln seit Jahren dazu, sich internationalen Standards anzupassen. Die **VOC**-Verordnung, die die Emissionen von flüchtigen organischen Verbindungen regelt, wurde 2001 eingeführt. **VOC** steht für **V**olatile **O**rganic **C**ompounds, was übersetzt „flüchtige organische Verbindungen" bedeutet. Auf EU-Ebene wurde dann 2004 mit der „Decopaintrichtlinie" einen Stufenplan zur Senkung von Grenzwerten für flüchtige organische Verbindungen eingeleitet. Am Ende dieses Prozesses 2010 konnte eine erhebliche Reduzierung der schädlichen Lösemittel in den Rezepturen erreicht werden. Alle europäischen Hersteller sind heutzutage dazu verpflichtet, Lösemittel nur in genau definierten Mengen ihren Rezepturen beizumischen.

Unter der Bezeichnung **REACH** (**R**egistration, **E**valuation, **A**uthorisation of **Ch**emicals) wurde 2007 in der EU ein Gesetz zur Bewertung chemischer Substanzen entwickelt. Diese Verordnung betrifft nicht nur Hersteller chemischer Stoffe und in der EU angesiedelter Importeure, sondern auch die Verarbeiter der registrierten Stoffe, die sich damit zu einem möglichst gefahrlosen Einsatz der Chemikalien verpflichten. Es gibt auch hier unterschiedliche Gefahrenklassen und ein registrierter Stoff ist leider nicht zwingend unschädlich. Im Gegenteil, die Grenzwerte der Produkte sind eher herstellerorientiert als verbraucherfreundlich.

Da also die Einhaltung der REACH-Verordnung für den Endverbraucher nicht so einfach nachvollziehbar ist, kann er sich nur anhand der bekannten Gefahrensymbole wie dem ✖ oder 🔥 über den Grad der Gefährdung eines Produktes informieren.

Am besten wäre es allerdings, alle Hersteller würden mit einer Volldeklaration der Inhaltstoffe ihrer Lacke und sonstigen Oberflächenmittel den Verbraucher wirklich über mögliche Gefahren aufklären. Der Trend weist leider in die Gegenrichtung, auch Ökohersteller gehen zunehmend dazu über, Inhaltsstoffe nur mehr vage zu umschreiben mit Begriffen wie: „modifizierte Öle..." etc.

Wie verlief die Entwicklung vom Lösemittel- zum Wasserlack?

Zwischen 1960 und 1970 lag der Anteil an mitunter stark schädigenden Stoffen wie chlorierte, organische Lösemittel und Benzol in Lacken noch zwischen 50–70 %. Das bedeutet, dass damals über die Hälfte eines Lackes beim Spritzen als schädigender Nebel in der Umgebungsluft verdunstet ist. 1983 verpflichteten sich dann die deutschen Lackhersteller gemeinsam, flüchtige organische Verbindungen und schwermetallhaltige Pigmente weiter zu reduzieren. 1985 brachte man auf dem Malersektor die ersten emissions- und lösemittelarmen Dispersionsfarben auf den Markt, die nur noch 10 % organische Lösemittel enthielten. Im Vergleich dazu hatten die Natur-, Kunst- und Alkydharzlacke zum damaligen Zeitpunkt noch immer einen Lösemittelanteil von 60 %.

Um dem Verbraucherwunsch nach möglichst unschädlichen Oberflächenmitteln gerecht zu werden, versucht also die Lack produzierende Industrie seit langem, schädliche, organische Lösemittel zu reduzieren und durch neutrales Wasser zu ersetzen. Wasser hat den Ruf, gesundheitsfördernd zu sein und seine Verwendung in einem Produkt lässt den Verbraucher annehmen, die Mischung sei nun weitgehend unschädlich. Dabei wird gerne übersehen, dass alle weiteren Inhaltsstoffe nicht unbedingt harmloser sind als früher, sondern nur in geringerer Konzentration oder anderer Zusammensetzung vorhanden.

Der sogenannte „Pulver Slurry", ein in Wasser aufgeschlämmter Pulverlack, der 1996 entwickelt wurde, war der erste Lack auf Wasserbasis. Seitdem haben Wasserlacke eine steile Karriere hingelegt und bilden mit 90 % den Löwenanteil der auf dem Heimwerkermarkt angebotenen Lacke.

Leider hat man bei der Entwicklung von wasserbasierten Systemen immer mit einem grundsätzlichen Problem zu kämpfen, denn das üblicherweise in Lacken verwendete Bindemittel lässt sich nicht in Wasser lösen. Man versuchte in der Anfangsphase auch, auf wasserlösliche Bindemittel auszuweichen, wie Stärke oder Polyvinylalkohol, musste aber dabei feststellen, dass so auch der getrocknete Lackfilm wasserlöslich bleibt und sich wieder feucht wegwischen lässt. Zudem ging dieser Lack auch nur eine ungenügende Bindung mit dem Holzuntergrund ein. Ein Lack aber muss haften bleiben und beständig sein. Also bedient sich die Lack herstellende Industrie seit längerem eines Tricks: Die notwendigen Lackbindemittel werden im Wasser in feinsten Tröpfchen mit einer Größe von 100 bis 10 000 Nanometern so fein verteilt, dass eine Emulsion bzw. Dispersion entsteht, die durch den Zusatz von Tensiden stabilisiert werden kann. Die winzigen Nanopartikel bewirken, dass sich die eigentlich keine Verbindung eingehenden Lackkomponenten doch mit Wasser mischen lassen. Auf diese Weise können auch viele andere

Oberflächenmittel mit Wasser verdünnt werden. Ob das nun immer sinnvoll ist, darauf wird im Folgenden noch näher eingegangen.

Bei Lacken ist die Entwicklung, organische Lösemittel durch Wasser zu ersetzen, als großer Erfolg einzustufen. Und dieser Prozess geht immer weiter: Waren es bis vor ein paar Jahren noch 15 % organische Lösemittel, so schreibt heute die **VOC** einen Lösemittelanteil von unter 10 % bei wässrigen Systemen vor. Dennoch wird man bei allen Reduktionsbemühungen nie ganz auf organische Lösemittel verzichten können, denn sie sorgen für eine schnelle Trocknung des Lacks.

Welche weiteren Vorteile haben Wasserlacke?

Die Verdünnung eines Lackes mit Wasser bringt neben dem Gesundheitsaspekt weitere Vorteile: Bei einem solchen Gemisch sinkt die Brand- und Explosionsgefahr, was bei der Verarbeitung größerer Mengen durchaus von Bedeutung sein kann. Auch lassen sich die Auftragsgeräte problemlos mit Wasser reinigen, das Hantieren mit unangenehmen Verdünnungen kann entfallen. Es sollte dennoch kein Wasserlack in die Kanalisation gelangen, sondern im ausgehärteten Zustand dem Haus-, in größeren Mengen dem Sondermüll zugeführt werden.

Welche Nachteile haben Wasserlacke?

So positiv die Reduktion von Lösemitteln grundsätzlich ist, die Verdünnung mit Wasser schafft leider auch etliche Probleme:

- so bleiben Wasserlacke nach der Verarbeitung so lange „milchig“ bis alles Wasser verdunstet ist, erst dann wird der Lackfilm gleichmäßig klar. Die Optik eines Lackes lässt sich also erst nach seiner Trocknung wirklich beurteilen.
- Grundsätzlich bewirkt eine Verdünnung mit Wasser immer ein verstärktes Quellen der behandelten Holzfasern, d. h. Wasserlacke rauen Holz stärker auf als Lösemittellacke. Der erste Zwischenschliff sollte hier besonders gründlich erfolgen.
- Der Zusatz von Wasser birgt auch die Gefahr, dass das Gemisch leichter schimmelt als ein Lösemittellack. Entsprechende Topfkonservierer müssen zugesetzt werden.
- In flüssigem Zustand ist ein Wasserlack ziemlich frostempfindlich. Bei Lagerung in einer Garage oder sonstigen kühlen Räumen kann der Lack gefrieren und dadurch unbrauchbar werden.
- Das Gemisch mit Wasser hat auch ein paar physikalische Folgen: So führt die hohe Oberflächenspannung eines Wasserlackes zu einer erschwerten Benetzung, es bilden sich Tröpfchen, die die Verlaufsfähigkeit herabsetzen und zu Läufern führen können. Geringste Verunreinigungen im flüssigen Lack können Krater und Kratzer im getrockneten Zustand zur Folge haben.
- Ein wasserverdünnter Lack ist in der Regel auch „wasserliebender“ als ein anderer: Durch das Quellen der Holzfaser nach dem Lackauftrag wird die Oberfläche für die Aufnahme von Wasser aufgeschlossen. Feuchtigkeit dringt schneller in den durchtrockneten Lackfilm ein als bei den industrieüblichen Lacken.
- Die Trocknung eines Lackgemisches mit Wasser ist außerdem stark abhängig von der Umgebungsfeuchte: Eine hohe Luftfeuchtigkeit verzögert den Trocknungsverlauf, es muss für Zugluft gesorgt werden.

Gut zu wissen

Insgesamt ergibt sich daraus eine durchaus komplizierte Technologie, Wasserlacke benötige viele Hilfsmittel. Nicht jeder Lack ist rein und klar, nur weil er auf der Basis von Wasser gemischt wurde.

Wie wirkt sich die Auftragsart auf die Unschädlichkeit aus?

Ganz entscheidend für die Unschädlichkeit eines Wasserlacks ist seine Auftragsart. Gestrichen und gewalzt atmet man bei der Verarbeitung von wasserbasierten Lacken nur die etwa 10 % organischen Lösemittel ein, die während der Verarbeitung und Trocknung verdunsten.

Anders und deutlich problematischer sieht es beim Spritzen aus: So ist die Annahme, wasserbasierte oder verdünnte Lacke würden bei ihrer Verarbeitung nur Wasserdampf abgeben, zwar weit verbreitet, aber trotzdem falsch. Der evtl. schädliche Lösemittelanteil liegt ja immer noch bei 10 %. Vor allem bei der Verarbeitung mit Spritzpistolen entstehen Aerosole. Es handelt sich dabei um sehr feine Lackstäube, die der Anwender im Lacknebel mit dem Wasser einatmet. Wegen seiner Wasserlöslichkeit legen sich Teile des Lösemittels auf die feuchten Lungengläschen und wirken dort eventuell krebserregend. Man sollte also grundsätzlich Filtermasken mindestens der Schutzklassen FFP1 oder FFP2 zum eigenen Schutz tragen. Zusätzlich schützen Filtermasken vor dem Einatmen von evtl. krebserregenden Nanopartikeln, die in Anstrichmitteln enthalten sein können.

Um die Qualität von Wasserlacken aber wirklich beurteilen zu können, ist es wichtig, über die Unterschiede zu den sonst üblichen Lacken Bescheid zu wissen: Trocknung und Filmbildung verlaufen bei Wasserlacken nämlich deutlich anders als bei lösemittelverdünnbaren Lacken.

- Bei Lösemittellacken ist der aufgetragene Lackfilm eine homogene Lösung des Bindemittels. Während der Verdunstung des Lösemittels wird das ganze Gemisch immer konzentrierter und hochviskoser, bis der Film durch die Härtungsreaktion fest und beständig ist.
- Beim Verdunsten des Wassers aus Wasserlacken wird der Abstand zwischen den feinteiligen Bindemitteltröpfchen immer kleiner, bis die Teilchen schließlich zusammenfließen und einen homogenen, zusammenhängenden Film bilden. Auch er wird nach dem vollständigen Verdunsten des Wassers glatt und klar. Allerdings geht dieser Prozess wegen der hohen Verdampfungsenergie von Wasser relativ langsam vonstatten. Behindert wird die Trocknung evtl. durch eine hohe Luftfeuchtigkeit, die umgebende Luft nimmt dann kein weiteres Wasser mehr auf. Es ist deshalb bei der Verarbeitung von Wasserlacken erforderlich, durch Luftzirkulation und eine geeignete Temperatursteuerung die Luftfeuchtigkeit niedrig zu halten.

Das Feuersymbol weist auf die Brennbarkeit des Produkts hin, das Xn signalisiert die Gesundheitsschädlichkeit des Produktes.

Was hat Wasser in Ölgemischen zu suchen?

Dem allgemeinen Trend folgend gibt es inzwischen auch unzählige wasserverdünnbare Ölgemische. Auch hier scheint die Verbindung eigentlich unmöglich, da sich Öl und Wasser bekanntermaßen nicht mischen. In Ölgemischen gibt es in der Regel wenige als gesundheitsschädlich eingestufte Inhaltsstoffe, man fragt sich also, was soll hier reduziert werden? Aber die als Verdünnung verwendeten ätherischen Öle wie Balsamterpentin und Orangenschalenöl können bei Hautkontakt reizend wirken und so allergieauslösend sein. Sie müssen daher laut VOC auch mit dem großen X gekennzeichnet sein. Da Anwender sich normalerweise nicht näher mit der Einstufung der Gefahrenklassen beschäftigen, verbinden sie mit diesem X eine grundsätzliche Gesundheitsgefährdung, die ja hier nicht unbedingt vorliegt, sondern nur auf die evtl. Reizung verweist. Viele Hersteller, vor allem die von möglichst ökologisch einwandfreien Oberflächenmitteln, wollen derartige Kennzeichnungen auf ihren Produkten vermeiden. Aus diesem Grund hat man begonnen, auch Ölgemische auf Wasserbasis zu entwickeln.

Allerdings bin ich bei einem selbstentwickelten Test, den ich in meiner Werkstatt durchführte, zu dem Ergebnis gekommen, dass eine wasserverdünnte Öllasur leichter Flecken bekommt, als ein normales Ölgemisch.

Wie verhält es sich mit wasserverdünnten Lasuren?

Für Lasuren eine Bewertung der Wasserverdünnbarkeit abzugeben, erweist sich als bedeutend schwieriger. Wie Sie inzwischen wissen, ist eine Lasur ein transparentes bis halbtransparentes Überzugsmittel, oft für den Außenbereich produziert. Wasserverdünnte Oberflächenmittel lieben Wasser, auch nach ihrer Trocknung, sodass sie schneller Flecken bekommen und abnutzen als Lösemittel verdünnte Systeme. Bei Lasuren ist die Sinnhaftigkeit vom Wassereinsatz stark davon abhängig, ob dadurch Lösemittel eingespart und ersetzt werden. Handelt es sich um eine Lasur auf Ölbasis, ist meiner Meinung nach die Verwendung von Wasser weniger effektiv.

Übrigens: Flüssigbeizen sind schon immer mit Wasser verdünnt worden, es handelt sich hierbei also nicht um eine modische Entwicklung. Beizen färben mit in Wasser aufgelösten Farbstoffen und Pigmenten das Holz und sollten anschließend zum Schutz mit einem filmbildenden Mittel, mit Lack oder Hartölwachs überzogen werden.

Fazit:

Wo der Anteil von Lösemitteln in Lacken und Lasuren stark reduziert werden konnte, ist eine Wasserverdünnbarkeit grundsätzlich sinnvoll. Für den Holzwerker sind Wasserlacke relativ einfach zu verarbeitende Alternativen zu den anspruchsvolleren Schreiner- und Industrielacken. Wichtig ist, beim Spritzen von Wasserlacken unbedingt einen Atemschutz zu verwenden.

Wer allergisch auf Balsamterpentin und Orangenschalenöl reagiert, kann auf wasserverdünnte Ölgemische ausweichen. Sie sind aber nicht zwingend umweltfreundlicher als andere Ölgemische.

Bei sonstigen Überzugsmitteln ist der Einsatz von Wasser grundsätzlich zu hinterfragen, da er doch einige technische und physikalische Probleme mit sich bringt.

Wasser

in Oberflächenmitteln

Wasserabweisend (hydrophob)
sind vor allem durch Silikon modifizierte Systeme, die auf der niedrigen Polarität von Polysiloxanen und hoher Polarität von Wasser basieren. Zunehmend wird mit hydrophoben Nano-Strukturen gearbeitet, die den sogenannten Lotuseffekt erzeugen.

Auf **Wasserbasis** bedeutet, dass bestimmte Inhaltstoffe (Farbstoffe) in Wasser gelöst sind .

Die **Wasserbeständigkeit** ist ein Qualitätsmerkmal für Beschichtungsstoffe für außen bzw. solche, die häufig mit Wasser in Kontakt kommen. Voraussetzung dafür ist eine geringe Hydrophilie (Wasserfreundlichkeit) der Lackkomponenten.

Wasserlack
ist ein Sammelbegriff für Beschichtungsstoffe, bei denen Wasser als Löse- und/oder Verdünnungsmittel an Stelle organischer Lösemittel eingesetzt wird. Er enthält dennoch 0–15 % organische Lösemittel.

Wasserlöslichkeit
ist die Eigenschaft vieler in wässrigen Systemen eingesetzter Bindemittel, die durch ihre unpolar aufgebaute Struktur dem Dipol Wasser genügend Verankerungsstellen bieten.

Wasserverdünnbarkeit
ist die Eigenschaft, die allen wasserbasierten Beschichtungsstoffen gemein ist und bedeutet, dass sich die Konzetration der Lösung durch die Zugabe von Wasser abschwächen lässt.

Wässrig
heißt, dass Farbstoffe zuerst mit einem Bindemittel angeteigt und dann in Wasser verteilt werden.

Kapitel 11 · Auftragsgeräte

Pinsel

Pinsel sind die häufigsten Auftragsgeräte weltweit, ihre Geschichte ist uralt. Ein Fund in Spanien belegt, dass bereits 12 000 vor Christus Felsen mit Haaren bemalt wurden, die in Röhrenknochen steckten. Die alten Ägypter arbeiteten mit Malwerkzeugen aus Papyrusfasern und Tierhaaren. Im Laufe der Jahrtausende wurden Pinsel immer feiner und für spezielle Einsatzgebiete entwickelt.

Bis ins 20. Jahrhundert hat sich die Technik erhalten, Tierhaare in Federkiele einzusetzen und damit zu malen.

Aus eingetrockneten Pinseln lässt sich immer noch Kunst machen: die „P-Insel“

In Marokko wird heute noch mit handgebundenen Pinseln aus Eselshaar gearbeitet.

Ein professioneller Maler bewahrt seine guten Pinsel für den täglichen Einsatz hängend auf.

Diese Ringpinsel sind von minderer Qualität und dennoch in meiner Werkstatt stets im Einsatz.

Diese Flachpinsel sind auch nicht die allerbesten und trotzdem für den mehrmaligen Einsatz an verschiedenen Streichprojekten geeignet.

Beizpinsel haben Zwingen aus Kunststoff., der nicht mit gerbsäurehaltigem Holz reagiert und so keine Flecken auf feuchtem Holz produziert.

Wie setzen sich Pinsel zusammen?

Heutige Exemplare sind gar nicht so weit von der ursprünglichen Herstellungsweise entfernt. Sie bestehen aus **Haaren, Stiel** und **Zwinge**. Das Haarbüschel wird gebunden oder lose in eine Hülse, die sogenannte Zwinge, gesteckt. Sie verbindet den Pinselkörper mit dem -stiel und ist je nach Pinselart rund oder flach.

Zwingen aus Edelstahl-, Messing-, Aluminiumrohr und Kunststoff sind nahtlos und umhüllen hochwertige Pinsel. Solche aus Kunststoff sind in der Regel massiv, d. h. dass die Haare oder Borsten in der Zwinge vollständig vom gegossenen Kunstoff umhüllt werden. So kann keinerlei Flüssigkeit in die Zwinge eindringen.

Zu den einfachen Blech- und Nickelzwingen mit Löt- oder Falznaht besteht ein deutlicher Qualitäts- und Preisunterschied. Gelötete oder nur gefalzte Nähte lassen Wasser in die Zwinge eindringen, das wiederum den hölzernen Stiel aufquellen und die feste Verbindung von Haarkörper, Zwinge und Stiel lösen kann. Außerdem hinterlassen rostende Materialien wie Eisenblech evtl. unschöne Rostspuren beim Arbeiten mit wässrigen Oberflächenmitteln.

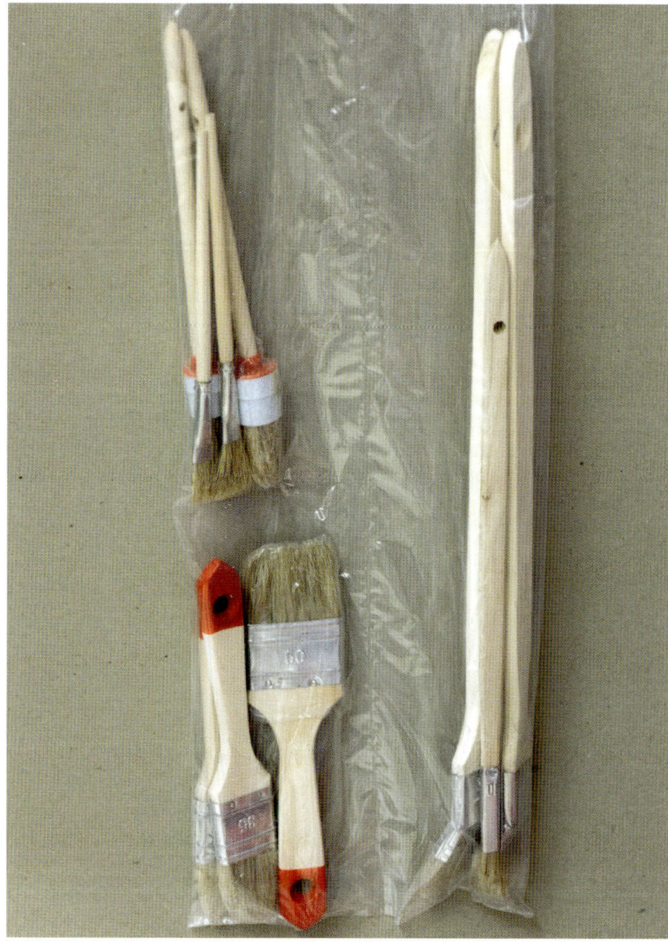

So ein billiges Pinselset aus dem Baumarkt ist wirklich unterste Qualität und kaum mehr als für den einmaligen Gebrauch geeignet.

Alle Ringpinsel von hoher Qualität sind auch heute noch gebunden, d. h. dass ihre Pinselhaare von Hand mit einem Faden umwickelt und durch eine geschickte Drehung in die typische spitze Form gebracht werden. Außerdem sind die Haare oder Borsten häufig außerhalb der Zwinge noch mit einem Faden umwickelt, dem sogenannten Fadenvorband. In den Produktbeschreibungen der Hersteller ist dann von einfachem oder doppeltem Fadenvorband die Rede. Der doppelte Fadenvorband kann bei Abnützung der Pinselhaare gekürzt werden, sodass wieder die volle Haarlänge zur Verfügung steht. Obwohl es bei den heutigen doppelt gebundenen Pinseln immer noch möglich wäre, kürzt auch ein Profi den Fadenvorband nicht mehr, da es im Verhältnis zur Arbeitszeit zu aufwendig wäre.

Im Regelfall befindet sich im Zentrum eines Pinsels zwischen Zwinge und Borsten ein Farbreservoir, dessen Bauprinzip einfach, aber effektiv ist: Die einzelnen Borstenbüschel werden auf Abstand gehalten, damit in diesen Zwischenräumen das Oberflächenmittel gespeichert und dann beim Streichen nach und nach abgegeben werden kann.

Ein Pinselstiel besteht optimalerweise aus unbehandeltem Buchenholz. Buche quillt weniger als andere Holzsorten, was zur Folge hat, dass sich die Leimung der Pinselhaare nicht so leicht auflöst und die Zwinge sprengen kann. Früher wurden Stiele oft aus Lindenholz gefertigt, was heute kaum mehr üblich ist. Pinsel aus China werden mit Stielen aus dort einheimischem Holz, z. B. Ramin versehen, auch weil das niedrige Gewicht dieses Holzes sich positiv auf die Frachtkosten beim Export auswirkt. Im hiesigen reichhaltigen Pinselsortiment findet man neben rohen auch farbig lackierte Pinselstiele. Diese Lackierung sollte so hochwertig sein, dass sie das Eindringen von Feuchtigkeit in den Pinselstiel verhindert.

Beide Flachpinsel sehen dick aus. Der preislich viel günstigere kleinere Pinsel täuscht die Dicke aber nur vor, er ist praktisch hohl. Er hat zu wenige Borsten, um überhaupt Anstrichmaterial für die Verarbeitung zu speichern.

So struppig wird ein Naturbostenpinsel, wenn er intensiv mit einer Wasserbeize in Kontakt gekommen ist.

Die billige Blechzwinge des Schrägstrichziehers kann die Borsten auf Dauer nicht halten.

Welche Pinselformen gibt es?

Pinsel gibt es für den Auftrag von Holzoberflächenmitteln in zwei Grundformen:

- **Ringpinsel** mit ihren langen, dicht beieinander stehenden Borsten nehmen mehr Farbe auf als andere Pinseltypen. Durch Drehen des Pinsels erzielt der Profi einen besonders gleichmäßigen Farbauftrag. Wenn ihre Größe entsprechend gewählt wird, eignen sich runde Pinsel besonders gut zum Streichen von Profilen und Rundungen, da sich die Pinselspitze diesen Formen optimal anpasst. Es gibt sie in allen nur erdenklichen Größen und Längen. Runde Pinsel sind die historische Pinselart, die immer mit Fäden gebunden wird, deren Fadenvorband außerhalb der Zwinge sichtbar bleibt. Heutige Modelle aus Kunststoff ahmen mit ihren geriffelten Zwingen die früher üblichen Fäden nach. Selbst bei diesem künstlichen Material ist es bei bestimmten Modellen möglich, den Vorband zu kürzen, wenn sich die Pinselhaare abnützen sollten.
- **Flachpinsel** sind besonders für das Streichen von Flächen geeignet. Auf die Schmalseite gedreht lassen sich mit ihnen auch Striche ziehen und Farbe in Ecken verteilen. Pinsel in Profiqualität sind in der Regel dicker und dichter als Heimwerkerpinsel und speichern so mehr Anstrichmittel zwischen den Borsten.

Der hochwertige Pinsel links hat einen einfach gebundenen Fadenvorband und hochwertige Naturborsten. Der günstige Pinsel rechts hat Borsten von so minderer Qualität, dass sie schon vor der Benutzung auseinander fallen.

Hier sind drei hochwertige Ringpinsel zu sehen. Der linke und mittlere ist mit gebundenen Fadenvorbänden und Naturborsten ausgestattet, der rechte mit einer Kunststoffzwinge und einer Kombination aus Natur- und Synthetikborsten.

Diese beiden langstieligen Fassadenstreicher sind mit hochwertigen Borsten (links Synthetik, rechts Naturhaare) und Edelstahlzwingen bestückt.

Ein Schrägstrichzieher eignet sich besonders für das Streichen von Ecken.

Flachpinsel unterteilen sich in Gruppen:

- Gängige **Flachpinsel** haben einen ergonomisch geformten ca. 13 cm langen Stiel (gemessen zur Manschette) und sind zwischen 30 und 75 mm breit. Sie sind für alle Streicharbeiten gedacht und in allen nur erdenklichen Borstenkombinationen erhältlich.
- als **Heizkörperpinsel** oder **Fassadenstreicher** werden Flachpinsel mit einem geknickten ca. 45 cm langen Stiel bezeichnet. Heizkörperpinsel sind nach der anspruchsvollen Aufgabe benannt, Farbe gleichmäßig zwischen Rippenheizkörpern zu verteilen, wobei der abgeknickte Stiel sehr hilfreich ist. Sie sind dünner und feiner als Fassadenstreicher, die mit derselben Bauform für das Streichen von Dispersions- und Silikatfarben gedacht sind. Premiummodelle früherer Bauart besitzen einen massiven rohen Buchenholzstiel, mehrfach gekochte Chinaborsten, gefasst in einer Edelstahlzwinge. Heutige hochwertige Modelle sind mit einem speziellen Kunstborstenmix ausgestattet, der sowohl für die Verarbeitung von Wand- und Fassadenfarben, Lasuren und wasserverdünnten Systemen empfohlen wird.
- **Plattpinsel** sind ebenfalls Pinsel mit längerem Stiel, aber wesentlich schmäler. Ihr Stiel kann gerade oder geknickt sein, sie sind für das Ziehen von Strichen besonders geeignet.
- Wenn das Borstenbüschel schräg angeschnitten ist, handelt es sich um sogenannte **Schrägstrichzieher**.
- **Flächenstreicher** sind dicke, breite Flachpinsel mit 15 cm langem Stiel (gemessen zur Manschette). Die große Borstenmenge ist in einer ovalen oder rechteckigen Zwinge gefasst und nimmt besonders viel Anstrichmaterial auf. Dünnflüssige Lasuren und Fassadenfarben lassen sich damit gut verarbeiten.

Mit welcher Pinselform man besser arbeiten kann, hängt von persönlichen Vorlieben und Erfahrung ab. Ein Teil der professionellen Maler schwört auf die Arbeit mit Ringpinseln, andere kommen mit Flachpinseln besser zurecht. Der regionale, historische Hintergrund kann auch ausschlaggebend sein: So sind Ringpinsel in Deutschland stärker verbreitet als in Österreich.

Was unterscheidet Natur- von Synthetikborsten?

Die meisten **Naturborsten** sind als China- oder Schweineborsten gekennzeichnet. Hausschweine werden in China häufig noch im Freiland gehalten und bilden so wesentlich längere und kräftigere Borsten aus als unsere im Stall gehaltenen Zuchtschweine. Für Chinaborsten ist charakteristisch, dass sich ihre Haarenden in mehrere feine Spitzen aufteilen, die für einen gleichmäßigen Farbauftrag sorgen. Unter den Chinaborsten gibt es neben hellen Naturborsten auch noch die wesentlich kräftigeren und formstabilen schwarzen Schweineborsten. Beide Sorten gelten als hochwertig, jedoch bevorzugen professionelle Maler meist die hellen Borsten, da sie, falls sie ausfallen sollten, in einem hellen Anstrichmedium (z. B. weißem Lack) weniger auffallen als dunkle Borsten.

Chinaborsten werden, um ihren natürlichen Fettanteil zu entfernen, meist 2–3 mal gekocht. Auch darauf wird bei Pinseln in der Produktbeschreibung hingewiesen.

Hochwertige Naturhaarpinsel sollten nicht beschnitten sein, sondern so, wie sie am Tier wachsen, verarbeitet werden. Beschnittene Haarspitzen würden die Fähigkeit der optimalen Verteilung des Anstrichmittels verlieren. Das gilt für alle Naturhaare, unabhängig in welcher Pinselform sie verarbeitet werden. Sowohl bei runden als auch flachen Pinseln gibt man den Borsten durch ihre Anordnung die jeweils charakteristische Form. Sie kann spitz bei den runden Ringpinseln und gerade oder schräg bei Flachpinseln sein. Sonstige Spezialformen ermöglichen zusätzliche Anwendungen. Mit schrägen Pinselkanten lassen sich beispielsweise besonders gut Ecken streichen oder Striche ziehen.

Weil alle Naturborsten, auch Schweineborsten, Wasser stark aufnehmen und dabei quellen, sind sie für die Verarbeitung lösemittelhaltiger Anstriche besser geeignet als für wasserverdünnte Mittel. Beim Streichen wasserhaltiger Systeme können sie die Form verlieren und struppig werden.

Die Einführung der VOC-Verordnung zur Begrenzung der Emissionen flüchtiger organischer Verbindungen hat europaweit bewirkt, dass sich die Rezepturen vieler Oberflächenmittel in den letzten Jahren drastisch veränderte. Die hohe Verbreitung von wassserbasierten und -verdünnten Mitteln zwingt Pinselhersteller, geeignete Borstenqualitäten zu entwickeln, die optimale Oberflächenergebnisse mit Anstrichmitteln auf Wasserbasis ermöglichen. Die Folge ist eine stetige Abnahme von natürlichen Borsten auf dem Markt.

Pinsel mit **Synthetikborsten** beherrschen inzwischen den Markt und werden ständig verbessert. Eine der ersten künstlichen Borsten wurde unter dem Begriff „Chinex" von der Firma DuPont entwickelt, die in ihrem Aufbau natürlichen Schweineborsten ähnelt. Bei den Fasern handelt es sich um ein rundes, konisch geformtes Vollmaterial, d. h. jede Borste verjüngt sich gleichmäßig in ihrem Schaftverlauf. Durch das sogenannte „flagging" wird eine Aufsplissung der Borstenspitze erzielt, das ähnlich den gesplissten natürlichen Borstenspitzen für einen guten Farbverlauf sorgt. Im Vergleich zu ihrem natürlichen Vorbild saugen synthetische Borsten kein Wasser auf und bleiben so besser in Form. Sie zeichnen sich außerdem durch eine hohe Abrieb- und Biegefestigkeit aus und lassen sich einfacher und schneller reinigen als Naturborsten. Besonders für das Streichen von wasserverdünnten Systemen und dünnflüssigen Lasuren werden sie empfohlen.

Inzwischen gibt es unzählige verschiedene Sorten an Synthetikborsten auf dem Markt. Sie können hohl oder voll, schuppig, gesplisst oder glatt sein. Außerdem werden sie in unterschiedlichen Härtegraden hergestellt. Allen gemein ist die Eigenschaft, dass das glatte synthetische Material eigentlich keine Flüssigkeit festhält, sondern nur durch die mechanische Bearbeitung der Borsten, d. h. eine künstliche Spaltung der Spitzen oder eine aufgeraute Oberfläche Anstrichmittel aufnehmen kann. Pinsel aus Synthetikborsten mit ihrem geringeren Aufnahmevermögen tropfen daher evtl. mehr als solche aus Naturborsten. Um die guten Eigenschaften beider Arten zu verbinden, werden synthetische und natürliche Borsten auch kombiniert und haben dann ein noch größeres Anwendungsspektrum. Wichtig ist vor allem, dass das gewählte Anstrichmittel zu der Art der Borste passt. Zu weiche oder harte Borsten führen nicht zu dem erwarteten guten Oberflächenergebnis.

Nun ist es für einen Holzwerker schwer vom bloßen Augenschein her zu beurteilen, wie hart oder weich Pinselhaare sind oder wie die Borsten behandelt wurden. Aus diesem Grund sind vor allem die Baumärkte dazu übergegangen, Hinweistafeln aufzustellen, die Auskunft geben, welcher Pinsel für welches Anstrichmittel geeignet ist. In Fachgeschäften sollten Mitarbeiter die Kunden entsprechend beraten können.

Diese Auswahl an unterschiedlichen Pinseln ist in einem Malerfachgeschäft zu finden.

Gut zu wissen

Chinaborsten eignen sich für die Verarbeitung lösemittelhaltiger Anstriche, bei wässrigen Systemen greift man besser zu Synthetikborsten.

Im Baumarkt ist das Sortiment viel größer und unübersichtlicher.

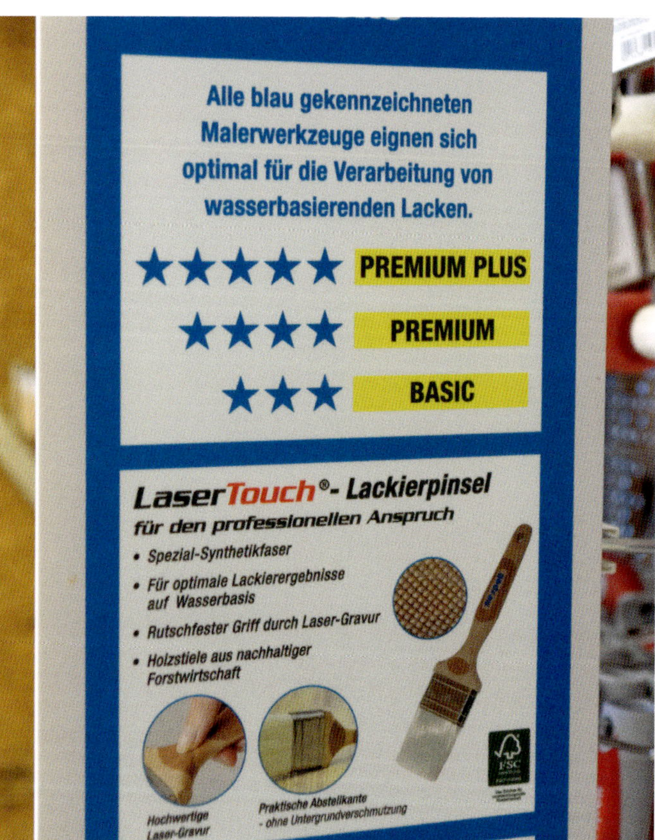

Doch Infotafeln helfen bei der Wahl des richtigen Pinsels.

Was sind die Qualitätskriterien bei Pinseln?

„Top" ist die Maßzahl für die sichtbare maximale Borstenlänge. Je höher sie ist, desto anspruchsvoller ist die Qualität der Borsten. Ein Beispiel: Die Bezeichnung „Chinaborste 90 % tops" bedeutet, das mindestens 90 % der Borsten die maximale sichtbare Länge aufweisen.

Flachpinsel werden auch nach ihrer Dicke unterschieden. Im Malerbereich arbeitet man mit Pinseln in 9. oder 12. Stärke, im Heimwerkerbereich oft nur in 4. oder 6. Stärke. Diese Dickenbezeichnungen beziehen sich auf die Breite der jeweiligen Pinsel und sind genormt. Man findet sie nur bei Produktbeschreibungen hochwertiger Pinsel, im Holzwerkerbereich wird die Stärke nicht explizit angegeben. Grundsätzlich gilt: Hochwertige Pinsel sind aus besserem Borstenmaterial gefertigt und dicker, wodurch sie mehr Flüssigkeit mit einmaligen Eintauchen aufnehmen. Mit einem dickeren Pinsel muss man also seltener ins Oberflächenmaterial eintauchen und kann mehr Fläche auf einmal streichen.

Ein bekannter Pinselhersteller teilt die unterschiedlichen Qualitäten in drei Kategorien ein: „Premium", gekennzeichnet durch 3 Sterne, „Profi" mit 2 Sternen und „Standard" mit 1 Stern. Premiumqualitäten haben bei entsprechender Pflege und Reinigung eine deutlich höhere Lebensdauer als Profi- oder Standardqualität. Letztere ist vermehrt im Heimwerkerbereich zu finden und für den einmaligen und seltenen Gebrauch gedacht. Selbstverständlich spiegeln sich diese Unterschiede stark im Preis wieder: So kann die Premium- durchaus das Dreifache der Standardqualität kosten.

Faltsiebe aus Papier gibt es im Fachhandel mit unterschiedlich feinen Maschen. Schmutzpartikel und Krümel lassen sich damit ganz einfach herausfiltern.

Geschnitzte oder profilierte Teile lassen sich am besten mit Pinsel behandeln.

Ein Klebeband über der Farbdose dient als Abstreifhilfe. So bleibt der Dosenrand sauber. Beachten Sie bitte, dass nur die Borsten in die Farbe getaucht werden sollten.

Jeder Pinsel hinterlässt eine mehr oder minder streifige Struktur.

Gut zu wissen

Pinsel, die tagelang in Verdünnung oder Wasser mit Verdünnung bedeckt sind, kann das in ihnen enthaltene Anstrichmittel dennoch aushärten und den Pinsel ruinieren.

Wie reinigt man Pinsel?

Am effektivsten lassen sich Pinsel mit der Verdünnung des verwendeten Anstrichmittels reinigen. Falls man mit einem wasserlöslichen Anstrich gearbeitet hat (zum Beispiel mit Dispersionsfarbe oder einer wasserbasierten Lasur), reicht es, den Pinsel sofort unter fließendem Wasser auszuwaschen. Ich reibe das in den Pinselhaaren gebundene Anstrichmittel vorher gründlich an einem Karton oder auf einer Zeitung ab, damit möglichst wenig davon in die Kanalisation gelangt.

Nach der Verarbeitung eines lösemittelhaltigen Anstrichs (zum Beispiel einem 2-Komponentenlack) ist das Reinigen des Pinsels schon etwas komplizierter. Aber auch hier funktioniert das am besten mit der Verdünnung des vorher aufgetragenen Anstrichmittels. Bei Unklarheiten sieht man am besten in dem dazugehörigen technischen Merkblatt nach oder fragt den Hersteller. Ein altes Marmeladeglas, so groß, dass der Pinsel gerade hineinpasst und nur wenige cm hoch mit Verdünnung gefüllt, hält die für die Reinigung benötigte Menge des Lösemittels möglichst gering. Glas ist als Material am besten geeignet, weil es von Lösemitteln nicht angegriffen werden kann. Darin bewegt man nun den Pinsel so lange hin und her, bis kein Anstrichmittel mehr herausläuft. Den so gereinigten Pinsel reibe ich zuerst an einem Karton oder Zeitungspapier trocken und wasche ihn anschließend noch mit etwas Spülmittel unter fließendem Wasser gründlich nach.

Für ganz hartnäckige Fälle und eingetrocknete Pinsel gibt es auch spezielle Pinselreiniger zu kaufen. Diese Flüssigkeiten auf der Basis von Xylol sind eindeutig als giftig einzustufen und sollten sehr vorsichtig und sparsam verwendet werden. Reste bitte nicht in die Kanalisation schütten.

Ein Pinselkamm aus Edelstahl holt die letzten Farbreste aus den gereinigten Borsten.

So bewahrt der Profi seine hochwertigen Pinsel auf.

Und so könnte der Holzwerker seine Pinsel trocknen lassen.

Praxistipp

Lassen Sie den gereinigten Pinsel am besten frei nach unten hängend am Stielloch trocknen.

Walzen

Farbwalze oder Farbroller

Farbwalzen werden auch als Farbroller oder Malerwalzen bezeichnet. Sie bestehen in der Regel aus einem Aufsteckbügel mit Griff, der die Walze aufnimmt. Der Hauptvorteil von Walzen liegt darin, dass sie wesentlich mehr Auftragsmaterial als Pinsel speichern und gleichmäßiger verteilen. Große Flächen lassen sich damit bequem, zeitsparend und sauber streichen. Diese bahnbrechende Erfindung wurde 1940 in Kanada gemacht.

Wie sind Farbwalzen konstruiert?

Kleinflächenwalzen variieren in der Länge zwischen 5 und 19 cm und im Durchmesser zwischen 1,5 bis 3,5 cm. Dicke und Länge sollte man passend zur Größe des zu beschichtenden Werkstücks wählen. Längere und dickere Walzen sind eher für die großflächige Verarbeitung von Wandfarben oder den Fußbodenbereich gedacht. Je breiter und im Durchmesser dicker eine Walze ist, umso mehr Farbmaterial kann sie mit einmaligem Eintauchen aufnehmen und eine dementsprechend größere Fläche beschichten. Natürlich erhöht sich dadurch auch ihr Gewicht und ob man nun besser mit einer schweren oder leichten Walze arbeitet, hängt von persönlichen Erfahrungen und Vorlieben ab.

Der Aufsteckbügel ist derart gebogen, dass sich sein Griffende mittig im rechten Winkel zur Walze befindet, wodurch ein gleichmäßiger Druck über die gesamte Walzenbreite gewährleistet wird. Das hohle Ende lässt sich auch auf längenverstellbare Teleskopstangen aufstecken, um so weiter entfernte oder größere Fächen rationell zu beschichten. Der Drahtdurchmesser beträgt bei Kleinflächenwalzen in der Regel 6, bei Großflächenwalzen 8 mm. Die Aufnahmelöcher der Walzen müssen entsprechend groß sein.

Besonders schnell arbeiten Profis mit elektrisch betriebenen Farbwalzen, die mittels Pumpen das Anstrichmittel direkt aus einem Eimer in die Walze saugen. Trotz der raschen Arbeitsweise können das hohe Gewicht der Walze und ein aufwendiges Wechseln der Farben problematisch sein. Elektrische Farbwalzen kommen daher für die Verarbeitung großer Mengen eines einzigen Anstrichmaterials am ehesten in Betracht.

Aus welchen Materialien bestehen Walzen?

Das Material des Walzenbezugs ist ganz entscheidend für den optimalen Auftrag eines Oberflächenmittels. Professionelle Maler wissen, dass beim Beschichten mit Walzen nur dann ein optimales Oberflächenergebnis zustande kommt, wenn der gewählte Bezug zur Viskosität und gewünschten Schichtstärke des Anstrichmaterials passt. Je dünnflüssiger ein Oberflächenmittel ist, umso kürzer sollte der Flor, d. h. die Faserlänge des Bezugs sein. Zähflüssige Anstrichmittel lassen sich mit einer mittleren Florlänge besser verarbeiten. Raue und strukturierte Untergründe verlangen nach langflorigen, gepolsterten Bezügen, mit denen man tieferliegende Stellen und Ecken ebenfalls erreicht. Für glatte Untergründe taugen eher kurzflorige Bezüge, die grundsätzlich eine feinere Rollstruktur erzielen.

Den Überblick über die unterschiedlichen Bezugsarten und deren spezielle Auftragseigenschaften zu behalten, ist nicht einfach. Daher habe ich im Folgenden versucht, logische Unterscheidungskriterien herauszuarbeiten.

Grundsätzlich gibt es zwei Arten von Walzenbezügen: **Fasern** und **Schaumstoff**.

1. Fasern wiederum bestehen entweder aus **Naturhaaren** oder **Synthetik**.

- **Lammwolle** als Bezugsmaterial zeichnet sich durch eine hohe Saugfähigkeit, Farbhaltevermögen, Stehvermögen der Wollfasern und Deckvermögen aus.
- **Lammfellwalzen** gelten bei der Verarbeitung als spritz- und flusenarm. Da sie vor allem für die Verarbeitung von Wandfarben geeignet sind, wird man beim Holzwerken kaum mit ihnen zu tun haben. Bei richtiger Reinigung und Pflege sind sie sehr langlebig. Lammfellwalzen vor dem Gebrauch in Wasser tauchen und auf einer sauberen Oberfläche trocken zu rollen, entfernt lose Wollfasern. Nach dem Gebrauch sollten sie sorgfältig mit lauwarmem Wasser ausgewaschen und hängend getrocknet und gelagert werden.
- **Velourswalzen** werden aus **gewebter Lammwolle** gefertigt und für die Verarbeitung hochviskoser und stark lösemittelhaltiger Lacke empfohlen.
- **Mohairwalzen** bestehen aus **Ziegenhaar** und besitzen eine borstenähnliche Faserstruktur. Sie taugen für die Verarbeitung lösemittelhaltiger Lacke.
- **Synthetische Fasern** bestehen entweder aus **Polyester, Polyamid** oder **Acryl**. Sind sie gröber, spricht man von einem gewebten oder gestrickten Endlosfaden. Dieser wird in den Walzenbezugsstoff eingearbeitet und auf die passende Länge abgeschnitten. Die von der Oberseite des Walzenkerns aus gemessene Faserlänge wird als **Flor-** oder **Polhöhe** bezeichnet. Sie schwankt, je nach Art der Faser und Bestimmungszweck der Walze zwischen 4 und 22 mm.
- **Felt-** oder **Filtwalzen** werden aus einem nachträglich stabilisierten und verdichteten Polyester-Endlosfaden hergestellt. Sie sind für wasser- und lösemittelbasierte Lacke gleichermaßen geeignet. Von einigen Herstellern werden sie aufgrund ihrer hohen Faserstabilität auch für den Auftrag von Ölen und Hartwachs-Ölen empfohlen.

- **Microfaserwalzen** bestehen aus einem fein strukturierten Polyester-Endlosfaden. Sie verfügen über ein extrem hohes Farbaufnahmevermögen, da Microfaser das Sechsfache ihres Eigengewichtes an Flüssigkeit speichern kann. Microfaser gilt als tropffrei und qualifiziert sich damit für die Verarbeitung dünnflüssiger Anstrichmaterialien.
- **Nylonwalzen** bestehen aus einer gekräuselten Polyamidfaser und werden für die Verabeitung von Dispersionsfarben empfohlen.
- **Vestan** ist ein Handelsname, worunter man Kunstfelle aus einer schweren Polyesterqualität mit hoher Saugfähigkeit versteht. Dieser Walzenbezug wird vor allem für einfache Beschichtungen und als Einwegroller eingesetzt.

Gut zu wissen

Beim Durchmesser von Faserwalzen wird auf der Packung der Kerndurchmesser plus Florlänge angegeben, bei Schaumstoffwalzen der Außendurchmesser.

2. **Schaumstoffwalzen** werden aus **Polyurethan (Moltopren)** hergestellt.

- **Schaumwalzen** bestehen aus einem sehr leichten, druckfesten Schaumstoff. Ihre Festigkeit wird als Stauchhärte bezeichnet. Sie werden in Größen zwischen 5 und 19 cm Länge und 3,5 bis 6 cm Außendurchmesser angeboten. Die Feinporigkeit von Schaumstoff sorgt für einen glatten Anstrich von wässrigen und leicht lösemittelhaltigen Lacken. Ihre entweder geraden, konkaven oder abgerundeten Kanten beeinflussen das Oberflächenergebnis, runde, bzw. konkave Kanten vermeiden Spuren zwischen den einzelnen Rollbahnen.
- **Flockwalzen** sind zusätzlich mit feinsten **Polyamidfasern** beflockt, um das Oberflächenergebnis weiter zu optimieren. Die Beflockung ermöglicht den Farbauftrag und das Verschlichten mit einem Werkzeug. Superflock Lackierwalzen sind aus retikuliertem Schaum (extra hohe Stauchhärte) hergestellt. Für hohen Farbauftrag gibt es Lackierwalzen aus beflocktem Schaum, sogenannte Flock Farbwalzen. Flockwalzen sind für wässrige und leicht lösemittelhaltige Lacke geeignet.

Arbeiten mit Walzen:

Da bei großflächigen Arbeiten mit Lackierwalzen immer ein paar Spritzer daneben gehen können, sollte die Umgebung großzügig mit Zeitungspapier, Abdeckvlies oder -folie geschützt werden.

Alle Kleinflächenwalzen sollten nur zusammen mit entsprechend breiten Farbwannen zum Einsatz kommen. Das tiefer liegende Becken dient der Vorhaltung, die Schrägfläche dem Verteilen und Entfernen von überschüssigem Anstrichmaterial. Das zu beschichtende Werkstück platziert man am besten auf so kurze Leisten, dass sie nicht darunter herausragen. So können senkrechte Kanten beim ersten Arbeitsgang auch gleich beschichtet werden.

Bei Flächen trägt man das Anstrichmaterial zuerst in Längsrichtung und zwar überlappend Bahn neben Bahn auf. Dabei beginnt man mit der frisch „aufgetankten“ Walze nie ganz am Rand, damit die Schichtdicke des Anstrichmaterials dort nicht höher wird als in der Fläche. Wer mit Schaumwalzen arbeitet, wählt am besten Exemplare mit konkav geformten oder abgerundeten Kanten, um unschöne Streifen bei der Überlappung zu vermeiden. Ohne neues Anstrichmaterial aufzunehmen, verteilt man die Farbe oder den Lack nun quer, auch wieder Bahn neben Bahn. Das nennt der Profi „Verschlichten“. Ein dritter Durchgang in Längsrichtung ohne neue Farbe und vor allem ganz ohne Druck egalisiert das Anstrichmaterial auf der Fläche. Evtl. enstandene Bläschen in Wasserlack bringt man so durch die fast „schwebende“ Schaumstoffwalze zum Platzen.

Um auf großen Flächen schnell genügend Farbmatrial aufzutragen und trotzdem das bestmögliche Oberflächenergebnis zu erzielen, empfiehlt sich das Arbeiten mit zwei unterschiedlichen feinen Walzen. Es ist bei fast jedem Überzugsmaterial wichtig, wie schnell die gesamte Fläche beschichtet werden kann. Es kann auf alle Fälle kein einwandfreies Oberflächenfinish entstehen, wenn das Überzugsmaterial an einem Ende schon zu trocknen beginnt, wenn es am anderen noch gar nicht aufgetragen ist. Walzen mit synthetischem Faserbezug nehmen mehr Farbmaterial auf und ermöglichen eine schnellere Verteilung. Da sie eher eine nicht völlig einwandfreie Oberfläche hinterlassen, empfiehlt sich ein anschließendes „Verschlichten“ mit einer feinporigen Schaumstoffwalze, die eher für eine blasenfreie gleichmäßige Oberfläche sorgt.

Praxistipp

Flusen von fabrikneuen Walzen mit Florfasern entfernen Sie ganz einfach durch Abrollen an einem Klebeband.
Sie können Farbwannen mit Abdeckfolie auskleiden, wenn Sie sie ohne lästiges Säubern mehrfach verwenden wollen.

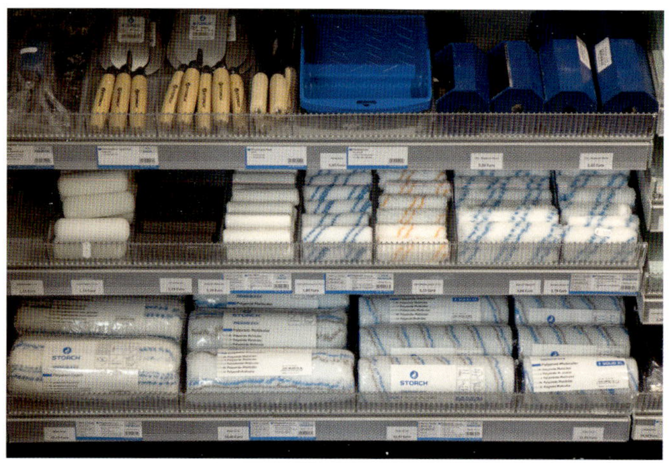

Das ist die Auswahl an Walzenbezügen in einem Maler Fachgeschäft.

So bewahrt ein professioneller Maler seine gereinigten Walzen auf.

Reinigung von Walzen

Wie alle Auftragsgeräte sollten auch Walzen sofort nach Gebrauch gereinigt werden. Das zum Anstrichmittel gehörige Lösemittel eignet sich in der Regel am besten dazu. Bei Wasserlacken reicht warmes Seifenwasser, die Walze sollte anschließend durch Ausdrücken und Abwalzen auf Karton oder Papier möglichst bald wieder getrocknet werden. Ölgetränkte Schaumstoffwalzen so zu säubern, dass sie nicht hart werden, gelingt mir leider selten. Ich plane bei ihrer Verarbeitung die nur einmalige Nutzung ein.

Für einen Profi ist so eine Walzen Waschanlage praktisch und zeitsparend.

Walzenbezüge der Firma „Storch“, von links nach rechts: 1. hochtexturierter Polyamid-Blaufaden-Plüsch aus Endlosfaden, 2. verdichteter Bezug auf Polyesterbasis, 3. verwebter Microfaser-Orangefaden auf Polyesterbasis, 4. superfeiner Schaumstoff aus Polyurethanschaum, 5. Microfaser aus verwebtem Endlosfaden auf Polyesterbasis, 6. Mohairwalze aus Angora Ziegenhaar mit borstenähnlicher Faserstruktur.

Wer am nächsten Tag seine Walze für den Zweitauftrag weiternutzen möchte, muss sie nicht unbedingt vollständig säubern. Bei Wasserlacken reicht es, das entleerte Farbbecken mit Wasser zu füllen und die Walze darin zu versenken. Vor dem Zweitanstrich sollte das Frischehaltewasser der Walze möglichst gut ausgedrückt werden, um das wasserbasierte Anstrichmittel nicht unnötig weiter zu verdünnen.

Bei der Verarbeitung lösemittelhaltiger Anstrichmittel, kann die Walze mit der Verdünnung getränkt und zum Frischhalten bis zum nächsten Tag in Folie gewickelt werden.

Voraussetzung für eine schöne Lackoberfläche ist ein gleichmäßiger Untergrund. Dazu werden konstruktionsbedingte Spalten und Schraubenlöcher mit Lackspachtel gefüllt.

Das fertig zusammen gebaute und gründlich geschliffene, kleine Jugendstilregal aus dünnen Sperrholz- und Pavatexplatten soll einen matt weißen Überzug mit Acryllack erhalten.

Auch wenn man noch so sorgfältig arbeitet, werden nach der Trocknung der Spachtelmasse Spuren auf der Oberfläche zu sehen und zu fühlen sein, die unbedingt mit einem feinen Schleifpapier mit Körnung 180 bis 240 geglättet werden müssen.

Das reine Weiß des Lackes wirkt auf so einem „antiken" Regal zu kalt und neu. Ein paar Tropfen Abtönkonzentrat (gelb und ocker) in die benötigte Lackmenge geträufelt und gründlich verrührt, erzeugen einen deutlich wärmeren Weißton.

„Premium" Acryllack aus dem Baumarkt ist relativ zähflüssig und daher zum Walzen bestens geeignet. Bitte nicht unnötig verdünnen, die Verarbeitung erschwert sich sonst und die Deckkraft sinkt.

Innenkanten lassen sich mit Walzen nicht vollständig erreichen. Es ist sinnvoll, diese Bereiche mit einem feinen, flachen Pinsel vorzubehandeln.

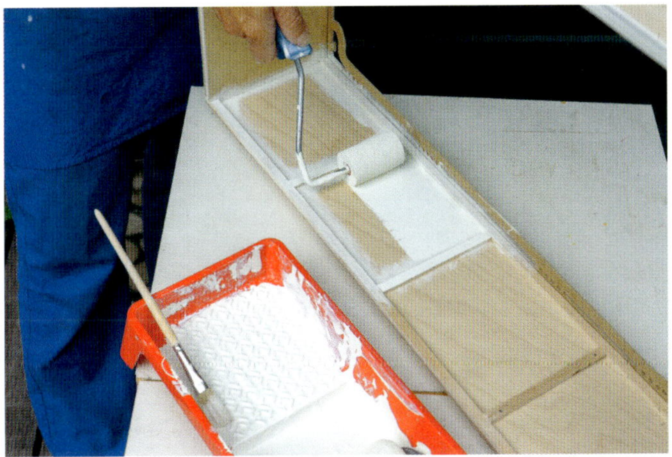

Man sollte dabei so zügig arbeiten und nur so viele Ecken vorstreichen, dass genügend Zeit bleibt, vor der Trocknung des Lacks die dazugehörigen Flächen abzuwalzen. Die Walzenbreite sollte der zu lackierenden Fläche angepasst werden. Hier in den schmalen Innensegmenten erfüllt eine ca. 4 cm breite Schaumstoffwalze bestens ihren Zweck.

Es empfiehlt sich, nur das tiefergelegte Becken der Lackwanne mit Lack zu füllen und die Walze vorsichtig darin hin und her zu rollen, bis sie rundherum mit Lack überzogen ist.

Wichtig ist, die Lackmenge in der Walze durch mehrmaliges Hin- und Herrollen auf der Ablauffläche so zu reduzieren, dass beim ersten Abwalzen auf den zu lackierenden Fläche kein „See“ entsteht.

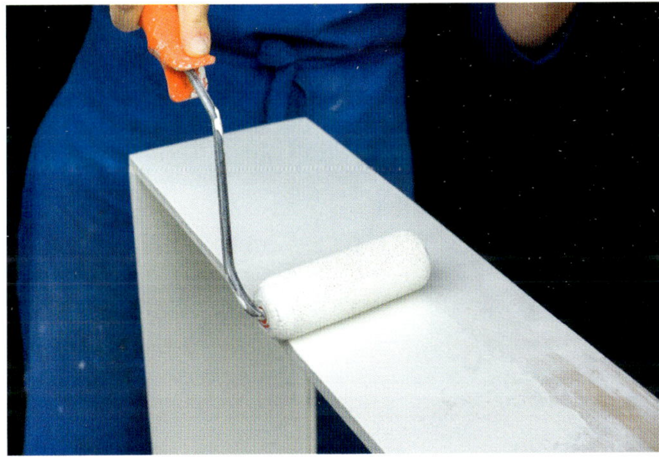

Nun walzt man ohne Druck zuerst in der Längs-, dann in der Querrichtung so lange hin und her, bis die Fläche mit einer gleichmäßigen dünnen Lackschicht überzogen ist.

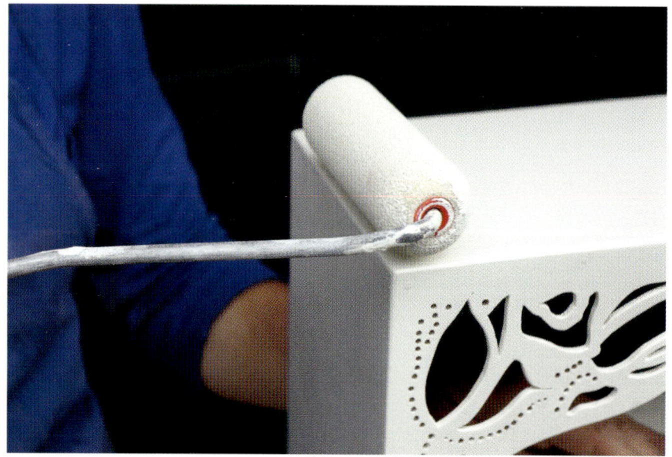

Sollten dabei feine Bläschen im Lack entstehen, platzen diese auch wieder, wenn man beim letzten „Walzgang" in Längsrichtung den Druck beim Darüberrollen so verringert, dass die Walze fast schwebt.

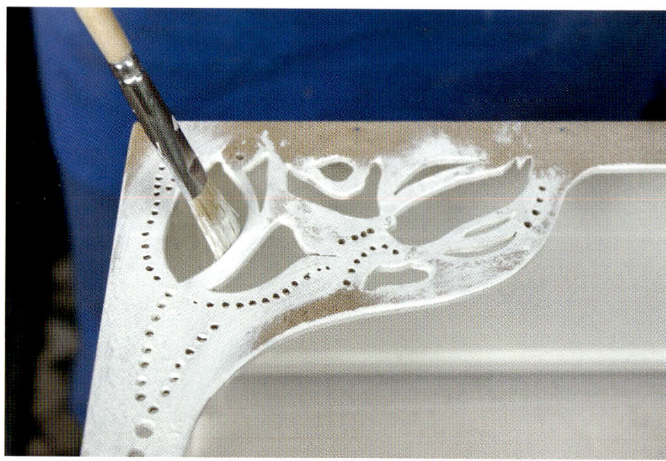

Entsprechend feine Pinsel sind am besten geeignet, die Kanten der Ausschnitte mit Lack zu färben.

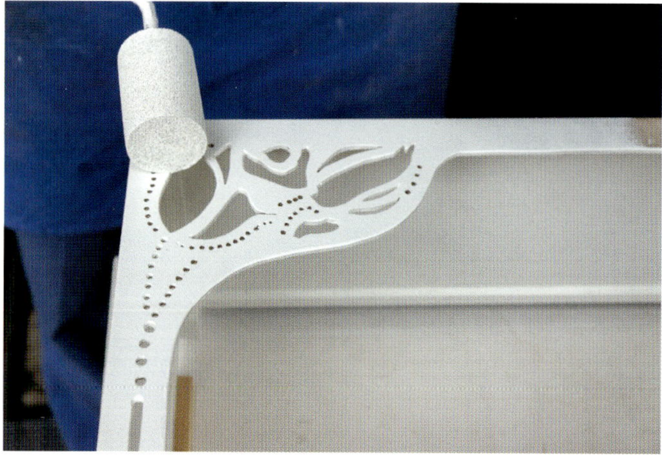

Walzen ohne Druck und mit geringer Lackmenge auf der schmalen Walze lässt evtl. Pinselspuren verschwinden.

Nachdem die erste Lackschicht durchgetrocknet ist, wird alles mit feinem Schleifpapier mit Körnung 240 bis 320 geglättet, gründlich entstaubt und nochmals in der gleichen Weise lackiert.

Sollten nach dem ersten Lackauftrag noch kleine Unebenheiten zu sehen sein, ist ein Ausbessern mit Spachtelmasse auch jetzt noch möglich. Auch diese Stellen müssen unbedingt vor der zweiten Lackierung mit feinem Schleifpapier geglättet werden.

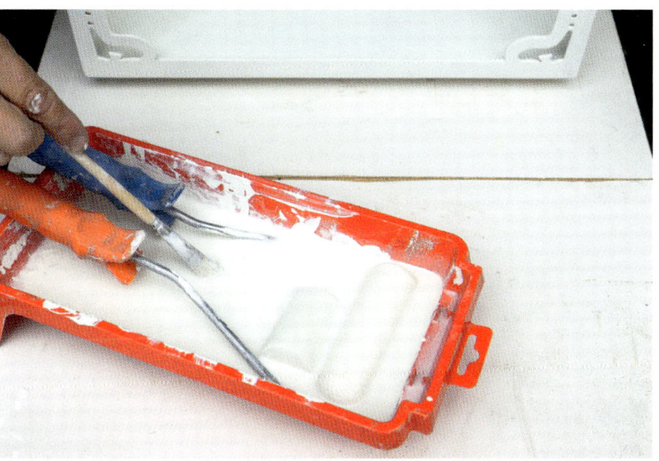

Zwischen dem ersten und zweiten Lackauftrag liegen ein paar Stunden, in denen die Arbeitsgeräte eintrocknen könnten. Wenn man den unbenutzten Lack in die Dose zurück schüttet, kann man Walzen und Pinsel in der Zwischenzeit gut „unter Wasser setzen“. Vor dem erneuten Einsatz sollten sie an Zeitungspapier so lange abgewalzt werden, bis sie fast trocken sind. Nasse Walzen verändern die Konsistenz des wasserbasierten Lacks und verdünnen ihn evtl. zu stark.

Die benötigten Arbeitsmaterialien sind eine Lackwanne, Acryllack, Lackspachtelmasse mit Spachtel, Pinsel und unterschiedliche Walzen: Die schmale Walze ist für Kanten und kleine Flächen bestimmt, die blaue Microcrater-Walze hinterlässt die beste Lackoberfläche und die Florwalze bringt das meiste Lackmaterial auf die Fläche.

Das kleine Regal in seinem weißen Gewand ist ein wahres Schmuckstück!

Spritzgeräte

Was sind Spritzpistolen?

Spritzpistolen sind vor allem für den Auftrag von Lacken und Dispersionsfarben gedacht. Der zum Spritzen nötige Druck wird entweder mit einem Kompressor oder einer Pumpe erzeugt und presst das Lackmaterial durch eine feine Düse. Dieses trifft fein zerstäubt auf der zu beschichtenden Fläche auf. Beim Spritzen von Lacken wird in der Regel nass in nass gearbeitet, d. h. dass soviel Lackmaterial aufgetragen wird, dass die einzelnen Partikel miteinander zerfließen und einen Film erzeugen. Probleme können Nasen, Tränen oder Läufer sein, wenn zuviel Lack aufgespritzt wird, vor allem an senkrechten Teilen. Nicht zu vernachlässigen sind die 15–35 % Lackmaterial, die beim Spritzvorgang in der Umgebungsluft landen und sich beim Fehlen einer Absaugung auch teilweise wieder auf die frisch gespritzte Fläche absenken. Spritzpistolen beschichten große Flächen in der Regel schneller als Pinsel oder Walzen und erzielen dabei auch eine höhere Oberflächenqualität.

Sprühen mit Pistolen verursacht immer Nebel und Overspray.

Der gleichmäßige Lacküberzug dieses industriell gefertigten Möbelstückes ist wahrscheinlich gespritzt.

Seit wann gibt es Spritzpistolen?

Der Amerikaner Allen De Vilbiss erfand 1890 eine Pistole, die Medikamente im Rachenraum zerstäuben sollte. Sein Sohn entwickelte darauf aufbauend 1907 eine Pistole zu Zerstäubung von Lacken, die in den folgenden Jahrzehnten vor allem die industrielle Lackierung von Automobilen mit Nitrozellusoselacken ermöglichte. Wie alle bahnbrechenden Entwicklungen sind Spritzpistolen seitdem laufend weiterentwickelt und verbessert worden.

Welche Elemente sind gleich bei den unterschiedlichen Spritzsystemen?

Grundsätzlich sind viele Spritzgeräte mit weitgehend gleichen Elementen, die die Lackzufuhr und Zerstäubung regulieren, ausgestattet und können vom Anwender individuell eingestellt werden.

Es sind:

- die Farbnadel, die vom Abzugsbügel der Pistole gesteuert wird und die Luft- und Farbschleuse öffnet oder schließt.
- die Farbdüse, die die Öffnungsweite für den Farbdurchlass festlegt.
- die Luftdüse, mit der die Luft zum Zerstäuben des Materialstrahles geregelt wird. Auch formt die Luftdüse jeweils durch eine Vierteldrehung den senkrechten oder waagrechten Spritzfächer
- eine Einstellschraube, die der Lackmengenregulierung über die Farbdüse dient.
- eine Stellschraube, die für die Spritzstrahlbreitenregulierung über die Luftdüse sorgt.

Welche Spritzgeräte gibt es?

- **Sprühdosen** sind für kleinere Spritzprojekte im Holzwerkerbereich besonders zu empfehlen, da der Lack bereits mit dem richtigen Druck, der entsprechenden Konsistenz und Farbe aus der Dose kommt. Ihre Handhabung ist auf alle Fälle leichter als die aller Spritzgerate. FCKW-freie Treibmittel sollten dabei selbstverständlich sein.

- **Becherpistolen** halten den Lack direkt in einem Becher über oder unter der Pistole vor, der mittels Schwerkraft oder Ansaugen durch die Pistole gespritzt wird. Der Begriff Becherpistole sagt noch nichts über die verwendete Sprühtechnik aus, sondern nur über den Aufbewahrungsort des Lackes.

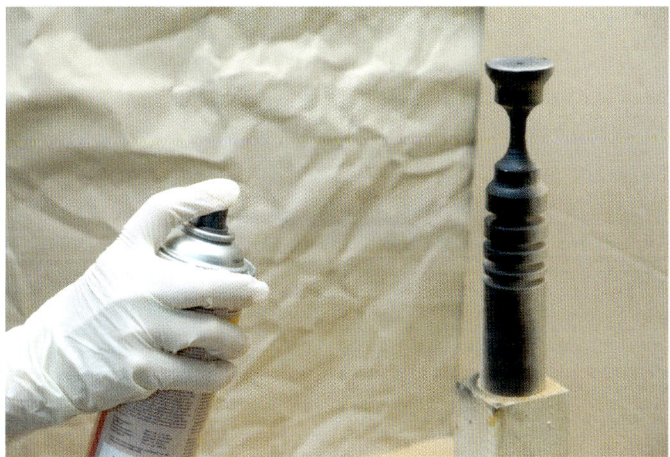

Der teure Lack in Sprühdosen ist praktisch für das Spritzen kleiner Gegenstände.

Diese Becherpistole hält das Spritzgut oberhalb der Pistole vor.

- **HVLP**-Technik steht für High Volume Low Pressure und bedeutet, dass der Lack mit geringem Druck (max. 0,36 bar), aber extrem hohem Luftvolumen gespritzt wird. Diese Niederdruckspritzsysteme sind umweltfreundlich, da sie kaum Lacknebel produzieren. Beim Spritzen kleiner Farbmengen könnte bei ausreichendem Atemschutz auf eine Absauganlage verzichtet werden.

- **Feinsprühsysteme** sind leichte Bechergeräte und werden in der Regel mit HVLP Technik betrieben. Sie sind Holzwerkern wegen ihrer einfachen und sicheren Handhabung besonders zu empfehlen.

Tischler und Schreiner arbeiten mit größeren HVLP-Geräten.

Für Holzwerker ist dieses Feinsprühsystem mit HVLP-Technik geeignet.

Feinsprühsysteme sind auch für Holzwerker gut zu handhaben.

- **Airless**-Technik bedeutet, dass luftlos gespritzt wird. Bei der Zerstäubung des Lackes wird ohne Druckluft gearbeitet, das Lackmaterial wird durch eine leistungsfähige Pumpe bis zu 250 bar hochverdichtet und aus der Materialdüse mit nur ca. 0,3 mm Lochbohrung durchgepresst. Es kommt zu einer explosionsartigen Entspannung des Lackmaterials, es fliegt förmlich auseinander. Die an ihrem Austritt gekerbt geformte Düse gibt den fliehenden, zerstäubten Lackpartikeln die gewünschte Fächerform. Da dieser Fächer nicht mit Luft verwirbelt ist, franst er an seinen Rändern nicht aus und die Material-Übertragungsrate ist sehr effizient. Lediglich der harte Aufprall der Lackpartikel führt zu einem Rückprall in die Umgebungsluft und bewirkt dadurch einen gewissen Lacknebel = Overspray. Ein Nachteil beim Spritzen mit Airless Geräten ist dieser Partikelrückprall und die fehlende Möglichkeit, den Spritzstrahl zu justieren, da diese Technik eher auf Flächenleistung ausgelegt ist. Das führte bei der Entwicklung der neueren Geräte dazu, dass Airless-Spritzpistolen zusätzlich mit einer Luftzerstäuberkappe, (ähnlich die der Hoch-/Niederdrucksysteme) ausgestattet wurden. Der grundsätzlich sehr schnell austretende und dadurch hart aufprallende Lackfilm des Airless-Systems wird nun mit der auf den Airlessfächer zugeführten Luft gebremst und „aufgeweicht". Zugleich kann man dadurch auch den Sprüh-Strahl manipulieren. Der weichere Strahl verursacht weniger Farbrückprall und somit weniger Overspray und Lackverlust.
- **Aircoat-Geräte** sind speziell für den Holz- und Metallbereich weiterentwickelte Airless Geräte mit noch feinerer Zerstäubung und daraus resultierender besseren Dosierung. Beim Spritzen wird dem bereits zerstäubten Lack seitlich Druckluft zugeführt, sodass der Lackfächer verbreitert und gleichzeitig gebremst wird. Die Zerstäubung des Lackmaterials ist zwar feiner als bei Airless-Geräten, allerdings entsteht dadurch auch mehr Lacknebel. Da Industrie und Handwerk aber üblicherweise mit Absauganlagen arbeiten, ist das nicht von Nachteil. Diese Technik ist bei Schreinern/Tischlern Standard.

Airless Geräte arbeiten ohne Luft, eine Pumpe verdichtet das Spritzmaterial.

Aircoat Geräte sollten nur mit Absaugung betrieben werden.

Wie spritzt man richtig?

- Wenn man nicht über eine entsprechende Lacknebelabsaugung verfügt, sollte man die Umgebung weiträumig und gründlich abdecken, damit sich der entstehende Lacknebel nicht an Wänden und Objekten festsetzt. Es sollte auch darauf geachtet werden, dass möglichst viel Luft durch die Spritzräumlichkeit flutet, um den Overspray (der Lackanteil, der in der Umgebungsluft landet) vom lackierten Objekt abzudrängen.
- Die zu lackierende Fläche muss unbedingt sauber, trocken und staubfrei sein. Glatte Flächen raut man mit feinem Schleifpapier (Körnung ca. 240) an und entfernt den Schleifstaub danach gründlich.
- Beim Spritzen sollte man immer einen gleichmäßigen Abstand zwischen Düse und zu beschichtendem Objekt einhalten, der je nach Spritzsystem zwischen 10–30 cm liegen sollte.
- Die Pistole sollte möglichst im rechten Winkel zur Oberfläche gehalten werden, um eine gleichmäßige Schichtstärke zu erzielen.

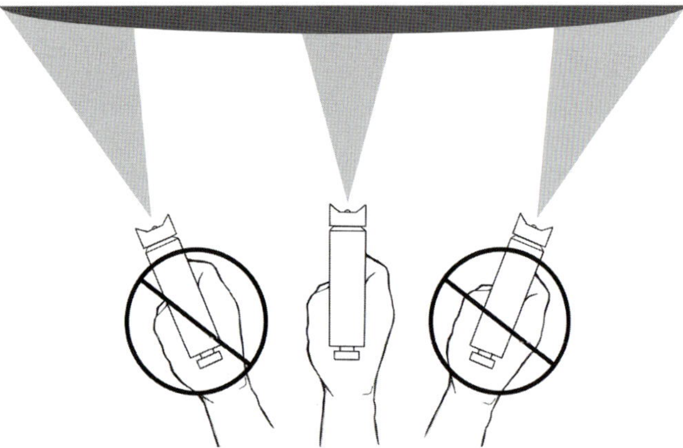

Die Pistole sollte immer im gleichen Abstand zur beschichtenden Oberfläche geführt werden, um eine gleichmäßige Schichtstärke zu erzielen.

- Der Abzug der Pistole sollte erst betätigt werden, wenn man mit der schwenkenden Armbewegung bereits begonnen hat. Und man sollte ihn wieder loslassen, bevor man diese Bewegung beendet hat.
- Nur eine gleichmäßige langsame Bewegung des Spritzarms gewährt einen gleichmäßigen Lack- bzw. Farbauftrag.
- Auch ein Überlappen der Spritzbahnen um ca. 30 % sorgt für einen gleichmäßigen Farbauftrag und eine einheitliche Schichtstärke.
- Falls der Lack verdünnt werden muss, sind meist 10 % Verdünnung ausreichend. Lack und Verdünnung müssen gut vermengt sein, bevor das Gemisch in den Behälter der Pistole gefüllt wird, die noch nicht an den Stromkreislauf angeschlossen sein sollte.
- Die spezifischen Pistoleneinstellungen bei der jeweiligen Handhabung (z. B. über Kopf arbeiten), sind den jeweiligen Herstellerangaben des Gerätes zu entnehmen.
- Vor Inbetriebnahme der Pistole ist es sinnvoll, die Netzspannung zu überprüfen, die mit den Angaben auf dem Typenschild übereinstimmen sollte.
- Auch wenn man mit einem Niederdruckspritzsystem arbeitet, das als Holzwerker-tauglich gilt, so sind unbedingt die technischen Richtlinien des Herstellers der jeweiligen Spritzpistolen zu beachten. Es gibt beispielsweise keine Normierung in der Handhabung der Einstellmöglichkeiten.
- Je nach Spritzsystem liegt der Düsenabstand zum zu beschichtenden Objekt zwischen 10 und 25 cm. Wird der Abstand zum Sprühobjekt sowie die Geschwindigkeit der Pistolenführung über die Fläche nicht gleichmäßig geführt, entsteht ein ungleichmäßiges Lackbild auf der Oberfläche
- Die Luftkappe an der Sprühpistole lässt sich entsprechend der Sprührichtung einstellen. Wird die Fläche liegend gespritzt, sollte der Spritzfächer senkrecht über die Fläche geführt werden. Senkrecht stehende Flächen dagegen werden mit der Horizontaleinstellung des Spritzfächers beschichtet. Müssen bereits zusammengeleimte Kleinmöbel lackiert werden, so wird man einen Rundstrahl wählen, der durch eine Zwischenstellung der Luftdüse in der Übergangsstellung von Horizontal- zu Vertikaleinstellung steht.
- Um ein sauberes Spritzbild auf der Fläche zu erreichen, müssen alle daran beteiligten Komponenten aufeinander abgestimmt sein. Das bedeutet: Der Lack sollte eine entsprechende Viskosität aufweisen, die ihn durch die Farbdüse mit Leichtigkeit hindurch fließen lässt. Mit möglichst minimiertem Zerstäuberdruck kann das Lackmaterial so fein zerstäubt werden, dass die entstandenen Lacktröpfchen, beim Auftreffen auf der Fläche, dort noch Zeit haben, zu verfließen bzw. zu verspannen.

Die gebeizte, grundierte, geschliffene Oberfläche sollte gründlich von Staub befreit werden.

Gut zu wissen

Verdünnung und Lack müssen unbedingt zusammenpassen! Bei Verwendung falscher Verdünnung können Klumpen entstehen und die Sprühpistole verstopfen.

Praxistipp

Führen Sie immer eine Probesprühung auf einer Testfläche durch. Sie können dabei sowohl das Sprühbild als auch die austretende Lackmenge entsprechend der Viskosität des Lacks regulieren.

Eine fleckige Lackfläche ist die Folge von Unverträglichkeiten: Wasser in der Feinsprühpistole habe ich fälschlicherweise für Alkohol gehalten und mit Schellack vermischt. Da hilft nur ein Abwaschen der verunglückten Lackschicht (hier mit Alkohol) und mit frisch angesetztem Spritzschellack von vorne zu beginnen.

Das Ergebnis kann sich sehen lassen, die Lackoberfläche hat einen gleichmäßigen matten Glanz erhalten.

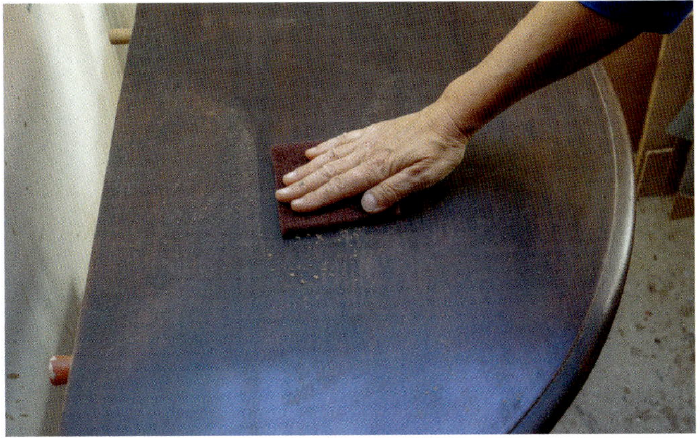

Dennoch ist eine leicht körnige Sprühstruktur zu erkennen. Noch ebenmäßiger wird der Schellackglanz, wenn man die Fläche mit einem feinen Schleifvlies abreibt, um sie anschließend von Hand aus zu polieren.

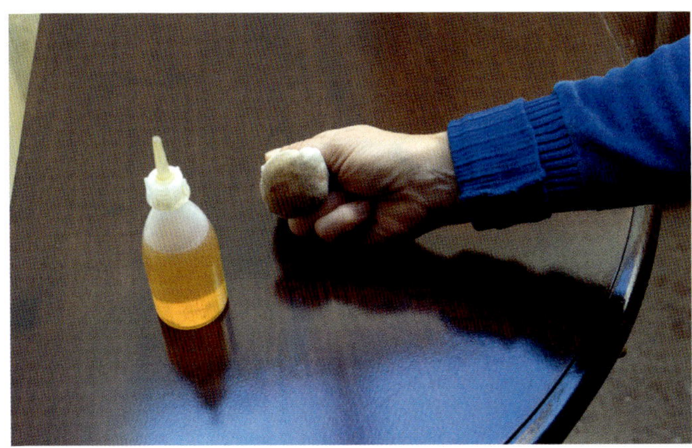

Spezieller Schellack mit Alkohol verdünnt und mit ein paar Tropfen Polieröl verfeinert, bringt im Ballenauftrag den allerschönsten Glanz.

Sicherheitshinweise beim Spritzen:

Holzwerker kommen in der Regel mit einem Feinsprühsystem, dass mit Niederdruck arbeitet, am besten zurecht. Folgende Sicherheitshinweise sollten unbedingt beachtet werden: (entnommen einer Betriebsanleitung von Bosch)

- Halten Sie Ihren Arbeitsbereich sauber, gut beleuchtet und frei von Farb- und Lösemittelbehältern, Lappen und sonstigen brennbaren Materialien. Es besteht eine erhöhte Gefahr der Selbstentzündung.
- Sorgen Sie für gute Belüftung im Sprühbereich und für ausreichend Frischluft im gesamten Raum. Verdunstende brennbare Lösemittel schaffen eine explosive Umgebung.
- Sprühen und reinigen Sie nicht mit Materialien, deren Flammpunkt unter 21° liegt, d. h. die sich schon unter Raumtemperatur selbst entzünden können. Beispiele für leicht entzündliche Stoffe sind Flüssigkeiten, die Aceton enthalten wie diverse Lösemittel, Nagellackentferner und Plastikkleber. Flüssigkeiten mit Ethanol wie Parfum, Frostschutzmittel, Lebensmittelzusätze, Desinfektionsmittel oder Kraftstoffe sollten auf keinen Fall mit einem Feinsprühsystem verarbeitet werden. Genauso gefährlich wäre es, Flüssigkeiten mit Propanol wie diverse Lösemittel, Insektizide, Reinigungsmittel und Frostschutzmittel zu versprühen.
- Sprühen Sie nicht im Bereich von Zündquellen wie statischen Elektrizitätsfunken, offenen Flammen, heißen Gegenständen, Zigaretten, und Funken vom Ein- und Ausstecken von Stromkabeln oder der Bedienung von Schaltern. Derartige Zündquellen können zu einer Entzündung der Umgebung führen.
- Versprühen Sie keine Materialien, bei denen nicht bekannt ist, ob sie eine Gefahr darstellen.
- Tragen Sie persönliche Schutzausrüstung wie Schutzhandschuhe und Atemschutzmasken, am besten Partikelfiltermasken der Kategorie P1 und P2.
- Sprühen Sie nicht auf sich selbst, andere Personen oder Tiere. Halten Sie Ihre Hände und sonstige Körperteile fern vom Sprühstrahl. Falls der Sprühstrahl die Haut durchdringen sollte, nehmen Sie umgehend ärztliche Hilfe in Anspruch. Trotz Niederdrucksystem und Schutzhandschuhen ist es möglich, dass der Spritzstrahl die Haut durchdringt.
- Behandeln Sie Einspritzung unter der Haut nicht wie einen einfachen Schnitt. Der Druckstrahl kann Giftstoffe in den Körper einspritzen und zu ernsthaften Verletzungen führen.
- Beachten Sie etwaige Gefahrgut-Markierungen des Spritzguts. Den Herstellerempfehlungen ist zu Ihrer eigenen Sicherheit unbedingt Folge zu leisten.
- Verwenden Sie nur durch den Hersteller spezifizierte Düseneinsätze. Sprühen Sie niemals ohne montierten Düsenschutz. Die Verwendung der speziellen Düseneinsätze vermindert die Gefahr der Einspritzung unter die Haut.
- Seien Sie vorsichtig beim Reinigen und Wechseln der Düseneinsätze. Falls während des Sprühens der Düseneinsatz verstopft, folgen Sie vor dem Entfernen der Düse den Anweisungen des Herstellers zum Abschalten des Gerätes und Entlasten des Drucks.
- Halten Sie den Stecker des Netzkabels und den Schalterdrücker der Sprühpistole frei von Farbe und anderen Flüssigkeiten. Sie setzen sich sonst möglicherweise elektrischen Schlägen aus.

Welche Probleme können beim Spritzen entstehen?

- Wenn der Lack nicht richtig deckt, kann die Menge im Behälter oder auf dem Objekt zu gering sein, der Abstand zur Sprühfläche zu groß oder das Sprühmaterial zu dickflüssig.
- Wenn der Lack ungleichmäßig verläuft, wurde entweder zuviel Lack aufgesprüht, kann der Abstand zur Sprühfläche zu gering sein, der Lack zu dünnflüssig oder zu oft über dieselbe Stelle gesprüht worden sein.
- Wenn die Zerstäubung zu grob ist und ein ungleichmäßiges Lackbild dadurch entsteht, können die Ursachen vielfältig sein. Entweder ist die Sprühmaterialmenge im Behälter zu hoch, sodass nicht genügend Druck darin aufgebaut werden kann oder das Sprühmaterial ist zu dickflüssig.
- Wenn sich zu viel Sprühnebel bildet, ist der Abstand zur Sprühfläche zu groß oder es wurde eine zu große Lackmenge ausgespritzt.
- Wenn der Sprühstrahl pulsiert, ist entweder zu wenig Sprühmaterial im Behälter, oder es ist zu dickflüssig. Auch kann der Luftfilter oder die Entlüftungsbohrung am Steigrohr verschmutzt sein.
- Wenn der Lack an der Düse abtropft, befinden sich entweder Lackablagerungen an der Düse oder sie ist lose oder schon verschlissen.
- Falls überhaupt kein Lack aus der Düse austritt, kann wiederum der Lack zu dickflüssig sein oder Düse, Steigrohr oder Entlüftungsbohrung verstopft sein.

Wie reinigt man eine Spritzpistole?

Die sachgemäße Reinigung ist Voraussetzung für den einwandfreien, dauerhaften Betrieb einer Spritzpistole. Der Spritzbehälter wird entleert, der Lack sollte entweder in das Aufbewahrungsgefäß zurück geschüttet (nicht bei 2-K-Lacken) oder in einem gekennzeichneten Gefäß gesammelt und entsprechend entsorgt werden. Zur Reinigung füllt man eine kleine Menge der passenden Verdünnung in den leeren Spritzbehälter, schraubt ihn zu und schüttelt solange, bis die lösende Verdünnung überall im Behälter verteilt ist. Anschließend schaltet man die Basiseinheit wieder ein und sprüht die verschmutzte Verdünnung in eine leere Materialdose. Den Vorgang kann man, wenn nötig, so oft wiederholen, bis nur mehr reine Verdünnung aus der Pistole austritt. Düse und Düsennadel sollten zusätzlich mit Verdünnung gesäubert werden und können noch verpackt werden.

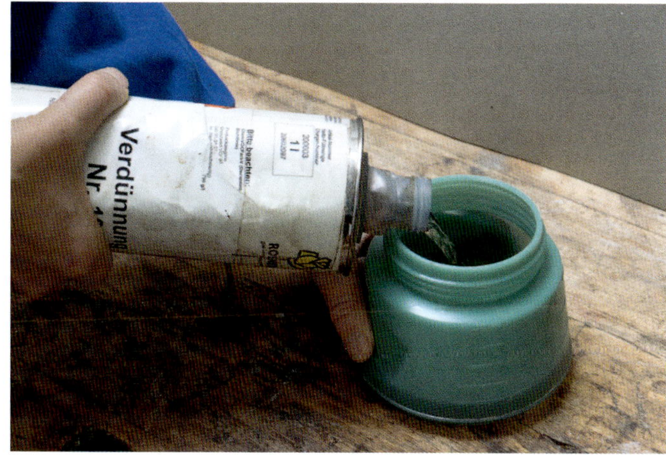

Spritzschellack und Alkohol wird in den Becher des Feinsprühsystems gefüllt.

Die Düse lässt sich auf Längs-, Quer- und Rundstrahl einstellen.

Bei der Lagerung des Feinsprühsystems setzt sich die feine Düse leicht zu. Um dies zu verhindern, wird sie nach einer gründlicher Reinigung noch mit einem in Verdünnung getränkten Lappen und Folie umwickelt.

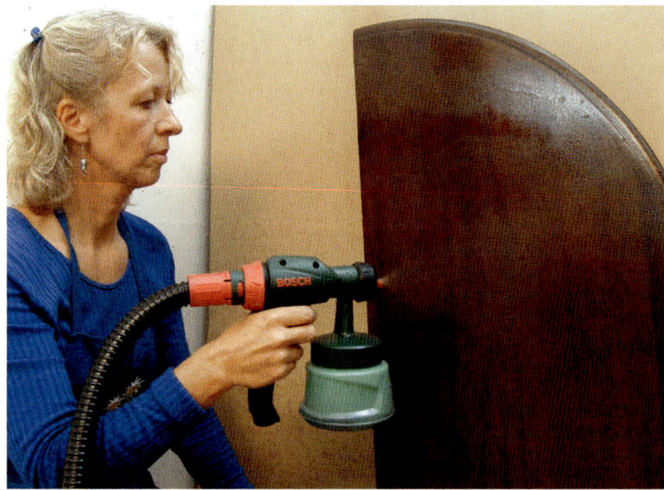

So bitte nicht! Beim Spritzen sollte immer mit Schutz- und Filtermasken gearbeitet werden.

Die Filtermaske schützt vor Dämpfen und Spritzstäuben.

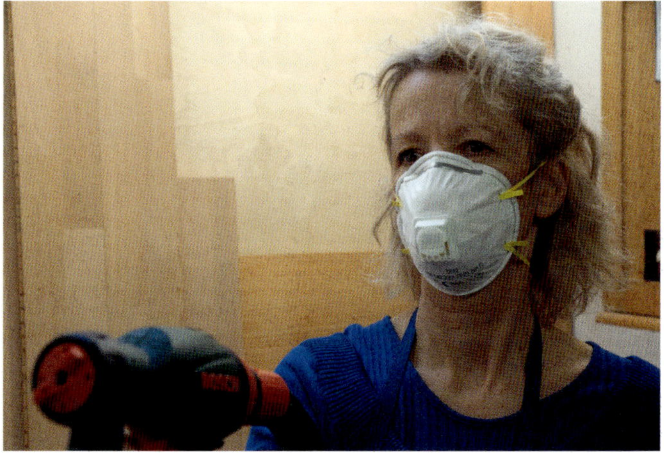

Die Feinstaubmaske FFP1 ist zum besseren Atmen mit einem Ventil ausgestattet.

Welche Gesundheitsrisiken entstehen beim Spritzen?

Bei organischen Lösemitteln wie Terpentin, -ersatz, Benzin und Tuluol ist grundsätzlich Vorsicht angebracht. Übliche Halbmasken zum Schutz vor verschiedenen Stäuben (Klasse FFP2) halten nur Partikel, keine Lösemitteldämpfe ab. Um sich als spritzender Holzwerker vor diesen organischen Dämpfen zu schützen, sollte man entweder Filtermasken der Klasse A2P2 oder A2P3 tragen. Das **A** signalisiert den Schutz vor Lösemitteln, das **P** den vor Partikeln.

Auch bei der Verarbeitung von den bei Holzwerkern so beliebten Wasserlacken entstehen Gefahren für die eigene Gesundheit. So ist die Annahme, wasserbasierte oder verdünnte Lacke würden beim Spritzen nur Wasserdampf abgeben, zwar weit verbreitet, aber trotzdem falsch. Der evtl. schädliche Lösemittelanteil liegt in der Regel immer noch um die 10 %. Bei der Verarbeitung mit Spritzpistolen entstehen Aerosole, feinste Lackstäube, die der Anwender zusammen mit dem verdünnenden Wasser als Lacknebel einatmet. Das schädliche Lösemittel legt sich aufgrund seiner Wasserlöslichkeit auf die feuchten Lungenbläschen der spritzenden Person und wirkt so krebserregend.

Früher hat man beim Spritzen von Lösemittellacken die Gefährdung schon hinter unangenehmen Gerüchen vermutet und die Spritzräumlichkeiten schnellstmöglich verlassen. Heutige Wasserlacke riechen nicht mehr unangenehm und verleiten dazu, sie als völlig harmlos anzusehen.

Gut zu wissen

Bei jeder noch so kurzen Spritzarbeit sollte man sich zum Wohl der eigenen Gesundheit mit entsprechenden Masken schützen!

Wann ist Spritzen wirklich sinnvoll?

Nach Aufzählung aller Vorsichtsmaßnahmen und möglichen Fehlerquellen beim Spritzen sollte jedem Holzwerker klar geworden sein, dass Spritzen von Lack und anderen Auftragsmitteln nur in relativ wenigen Fällen sinnvoll und nur für den geübten Anwender überhaupt empfehlenswert ist. Für Industrie und professionelle Handwerker, die große Mengen gleicher Teile (Oberflächen) beschichten müssen, ist Spritzen meist die rationellste Alternative. Ihnen stehen aber auch bessere Geräte als dem Holzwerker zur Verfügung. Meiner Meinung nach kommt der Auftrag von Beizen mit einem Sprühsystem nicht in Frage, auch wenn die Pistolenhersteller es empfehlen. Die Gefahr von Läufern ist zu groß. Und wenn die Beize einmal läuft, kann sie nur mehr mit einem trockenen Pinsel oder Schwamm aufgehalten werden. Insofern sollte man Beizen lieber gleich mit Pinseln verarbeiten.

Lasuren zu spritzen ist dann ratsam, wenn es sich um große komplizierte Flächen wie etwa Gitter handelt. Allerdings muss die Lasur dann wirklich spritzfähig, darf nicht zu flüssig und nicht zu dick sein und der Anwender sollte nicht nachbessern müssen. Zu beachten ist auch immer, dass beim Spritzen ein ganz erheblicher Teil, nämlich ca. 15–30 % des Spritzmaterials ungenutzt in der Umgebungsluft landet und sie belastet.

Die Technik des Spritzens empfiehlt sich am ehesten bei farbigen, glänzenden Lacken auf großen gleichmäßigen Flächen. Dann sollte aber auch möglichst eine Absaugung zur Verfügung stehen, die den Lacknebel auffängt und ein Absinken der in der Luft befindlichen Lackpartikel auf die bereits gespritzten Flächen verhindert. Teile farbig zu behandeln ist schwerer als der Auftrag farbloser Oberflächenmittel, da Unregelmäßigkeiten viel stärker auffallen. Je dunkler und glänzender ein Lack ist, umso eher machen sich Fehler beim Auftragen bemerkbar.

Praxistipp

Bevor Sie sich ein Spritzgerät kaufen, empfiehlt sich ein Testspritzen bei einem Händler oder Handwerker, denn gleichmäßiges Spritzen will geübt sein. Sie ersparen sich so evtl. hohe Kosten für ein Gerät, das Ihnen dann aufgrund von zu geringer Übung keine annehmbaren Ergebnisse liefern wird.

Filtermasken: Kategorien und Verwendungszweck

Tätigkeit	Material	FFP1 Stäube	FFP2 Stäube	FFP3 Stäube	A2P2 Nebel und Dämpfe
Schleifen	Spachtelmasse	x			
	Holz außer Eiche , Buche		x		
	Farben, Lacke		x		
	chromhaltige Lacke			x	
	Buche, Eiche			x	
Reinigen	mit Staubentwicklung	x			
	mit Waschbenzin,				x
	mit Nitro- Universalverdünnung				x
	mit Säuren				x
Abbeizen	mit Lösemitteln				x
Streichen, Rollen, Spritzen	wasserbasierte Farben, Holzschutz		x		
	wasserbasierte Lacke		x		
	lösemittelhaltige Farben, Holzschutz				x
	lösemittelhaltige Lacke				x

Register

Fett-Formatierungen verweisen auf Erwähnungen in Glossaren oder Tabellen

A

B

C

D

E

F

G

H

I

J

K

L

M

N

O

P

R

S

T

U

V

W

Z